机械精度设计与检测基础
实验指导书与课程大作业

（第6版）

王晓明　周　海　主编

刘丽华　主审

哈尔滨工业大学出版社
HARBIN INSTITUTE OF TECHNOLOGY PRESS

内 容 简 介

本书是为"机械精度设计与检测基础"(即"互换性与测量技术基础")课程编写的实验指导书与课程大作业。本书主要介绍了轴孔测量,形状误差测量,方向、位置和跳动误差测量,表面粗糙度轮廓测量,圆柱螺纹测量,圆柱齿轮测量等方面的 21 个实验,并附有实验报告等内容。同时本书还介绍了课程大作业的内容和圆柱齿轮减速器装配图与主要零件的精度设计要求。

本书可作为高等工科院校机械类专业本、专科学生的实验教材,也可作为成人教育机械类专业本、专科学生的实验教材。

图书在版编目(CIP)数据

机械精度设计与检测基础实验指导书与课程大作业/
王晓明,周海主编. —6 版. —哈尔滨:哈尔滨工业大
学出版社,2024.2
ISBN 978 - 7 - 5767 - 0502 - 7

Ⅰ. 机… Ⅱ. ①王…②周… Ⅲ. ①机械-精度-
设计-高等学校-教学参考资料②机械元件-检测-高等
学校-教学参考资料 Ⅳ. ①TH122 - 33 ②TG801 - 33

中国版本图书馆 CIP 数据核字(2022)第 255996 号

策划编辑 杨明蕾 刘 瑶
责任编辑 刘 瑶
封面设计 卞秉利
出版发行 哈尔滨工业大学出版社
社 址 哈尔滨市南岗区复华四道街 10 号 邮编 150006
传 真 0451 - 86414749
网 址 http://hitpress.hit.edu.cn
印 刷 黑龙江艺德印刷有限责任公司
开 本 787 mm×1 092 mm 1/16 印张 7.75 字数 179 千字
版 次 2024 年 2 月第 6 版 2024 年 2 月第 1 次印刷
书 号 ISBN 978 - 7 - 5767 - 0502 - 7
定 价 29.80 元

第6版前言

"机械精度设计与检测基础"(即"互换性与测量技术基础")课程中,实验是教学的重要组成部分。通过实验教学,学生可以熟悉有关几何量测量的基础知识、测量方法和常用计量器具的使用方法,同时可以巩固学生在课堂上所学的知识,培养学生的基本技能和动手能力。

本书的编写根据高等工科院校"互换性与测量技术"课程教学指导小组制定的教学基本要求,参考了陈晓华、闫振华主编的《机械精度设计与检测学习指导》(中国质检出版社、中国标准出版社)和甘永立主编的《几何量公差与检测实验指导书(第六版)》(上海科学技术出版社),并融入了编者多年的实验教学经验。各高校可根据具体的设备条件和不同专业的教学要求,选做本书中的部分实验。

本书经过近几年的实验教学实践,一直在不断地修订和完善。随着科学技术和"机械精度设计与检测基础"课程的发展,为了进一步满足教学改革的需要,做到与时俱进,我们对《机械精度与检测基础实验指导书与课程大作业》(第5版)进行了修订。对原版的内容进行了精减和更新,特别是对课程大作业的内容、要求和图样进行充实、纠错和补漏,旨在学生通过实验实践和大作业的练习,培养其基本技能和动手能力。

实验报告列于附录Ⅰ,课程大作业的圆柱齿轮减速器装配图和主要零件图列于附录Ⅱ,供学生练习使用。

本书由哈尔滨工业大学王晓明、周海主编,哈尔滨工业大学刘丽华主审。本书实验1、实验5和附录Ⅰ由周海编写,实验3、实验6和课程大作业由王晓明编写,实验7和附录Ⅱ由哈尔滨工业大学张晓光编写,实验2、实验4由黑龙江东方学院解伟编写。

编者根据读者需要,在多年教学实践的基础上编制了与本书配套的电子课件,供师生在教学中使用。读者可以登陆哈尔滨工业大学出版社网站(http://hitpress.hit.edu.cn)下载。

哈尔滨工业大学出版社于2021年出版了张也晗、刘永猛、刘品主编的《机械精度设计检测基础》(第11版),于2016年出版了刘永猛、马惠萍主编的《〈互换性与测量技术基础〉同步辅导与习题精讲》,本书与上述两本教材配套使用。

由于编者水平有限,书中难免有不妥之处,欢迎广大读者批评指正。

作　者
2023 年 12 月

目　　录

实　验　守　则

　　为了使学生在实验中能注意爱护仪器设备,掌握正确的实验方法和认真地进行实验操作,保证和提高实验质量,特制定本守则。

　　1.上课前学生必须对实验内容进行充分预习,了解本次实验的目的、要求和测量原理。

　　2.按预约的时间到达实验室。入室前,掸去衣帽上的灰尘,穿上拖鞋。除与本次实验有关的书籍和文具外,其他物品不得带入室内。

　　3.凡与本次实验无关的仪器设备等,均不得动用和触摸。

　　4.开始做实验之前,应在教师指导下,对照量具测量仪器,了解它们的结构、调整和使用方法。

　　5.做实验时,必须经老师同意后方可使用仪器。实验中要严肃认真,按规定的实验步骤进行操作,记录数据。操作要仔细,切勿用手触摸仪器的工作表面和光学镜片。

　　6.必须爱护仪器设备,遵守操作规程,严禁乱动、乱拆。如有损坏丢失,必须立即报告指导教师,由实验室酌情处理。因违反规章制度、不遵守操作规程而造成仪器损坏者,需按规定进行赔偿。

　　7.实验室内严禁吸烟、吐痰、吃东西和乱扔纸屑。实验室内不得大声喧哗,注意保持整洁和肃静。

　　8.实验做完后,需先经指导教师审查数据并签字,然后再将仪器设备按原样整理完毕,搞好实验室卫生,经教师允许后方可离去。

　　9.学生必须认真写好实验报告,在规定的时间内交给教师批阅。批阅后的实验报告由学生妥善保管,以备考核。

第1部分　实验指导书

实验 1　轴、孔测量

实验 1.1　立式光学计测量轴径

一、实验目的

（1）了解立式光学计的基本技术性能指标。

（2）掌握光学杠杆放大原理。

（3）学会调节仪器零位和测量方法。

（4）巩固轴类零件有关尺寸及几何公差、误差和偏差的概念。

（5）掌握数据处理方法和合格性判断原则。

二、仪器简介

立式光学计（又称立式光学比较仪）是一种精度较高、结构简单的光学仪器，一般采用相对法，以量块为长度基准测量外尺寸。除了用于测量精密的轴类零件外，还可以检定 4 等和 5 等量块。

常见的立式光学计有两种，即刻线尺式立式光学计和数显式立式光学计。下面分别介绍这两种类型仪器的基本技术指标和组成。

（1）刻线尺式立式光学计。

仪器的基本技术指标如下：

分度值　　0.001 mm

示值范围　　±0.1 mm

测量范围　　0 ~ 180 mm

示值误差　　±0.000 3 mm

刻线尺式立式光学计如图 1.1 所示。

由图 1.1 可知,刻线尺式立式光学计由底座 1、支臂升降螺母 2、支臂 3、支臂紧固螺钉 4、微动凸轮螺钉 5、立柱 6、零位调节手轮 7、直角光管 8、光管微动手柄 9、托圈 10、光管紧固螺钉 11、测头升降杠杆 12、测头 13、工作台 14、反射镜 15 和目镜 16 等部分组成。

（2）数显式立式光学计。

JDG – S1 数字式立式光学计的基本技术指标如下：

分度值　　0.000 1 mm

示值范围　（相对于中心零位）≥ ±0.1 mm

测量范围　0 ~ 180 mm

示值误差　（相对于中心零位）± 0.000 25 mm

JDG – S1 数字式立式光学计如图 1.2 所示。

由图 1.2 可知,它主要由底座 1、立柱 2、提升器 3、升降螺母 4、横臂紧固螺钉 5、横臂 6、微动螺钉 7、光学计管 8、中心零位指示灯 9、数显窗 10、微动紧固螺钉 11、光学计管紧固螺钉 12、测头 13、可调工作台 14 和置零按钮 15 等部分组成。

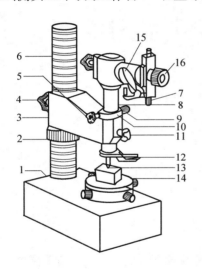

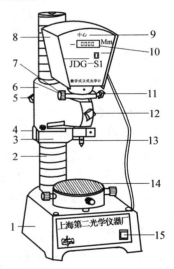

图 1.1　　刻线尺式立式光学计

1—底座；2—支臂升降螺母；3—支臂；4—支臂紧固螺钉；5—微动凸轮螺钉；6—立柱；7—零位调节手轮；8—直角光管；9—光管微动手柄；10—托圈；11—光管紧固螺钉；12—测头升降杠杆；13—测头；14—工作台；15—反射镜；16—目镜

图 1.2　　JDG – S1 数字式立式光学计

1—底座；2—立柱；3—提升器；4—升降螺母；5—横臂紧固螺钉；6—横臂；7—微动螺钉；8—光学计管；9—中心零位指示灯；10—数显窗；11—微动紧固螺钉；12—光学计管紧固螺钉；13—测头；14—可调工作台；15—置零按钮

三、测量原理

刻线尺式立式光学计是利用光学杠杆放大原理进行测量的,其光学系统如图 1.3 所示。

照明光线经反射镜 1 及三角棱镜 2,照亮位于分划板 3 左半部的标尺 4(共 200 格,分度值为 1 μm），再经直角棱镜 5 及物镜 6 后变成平行光束（分划板 3 位于物镜 6 的焦平面上），此光束被反射镜 7 反射回来，再经物镜 6、棱镜 5 在分划板 3 的右半部形成标尺像。分划板 3 右半部上有位置固定的指标尺 8，当反射镜 7 与物镜 6 平行时，分划板左半部的标尺与右半部的标尺像上下位置是对称的，指标尺 8 正好指向标尺像的零刻线，如图 1.4（a）所示。当被测尺寸变化，使测杆 10 推动反射镜 7 绕其支承转过某一角度时，则分划板上的标尺像将向上或向下移动一相应的距离 t，如图 1.4（b）所示。此移动量为被测尺寸的变动量，可按指示所指格数及符号读出。

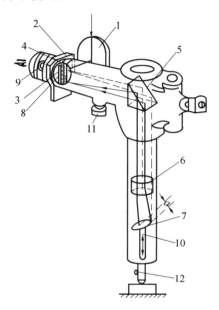

图 1.3   刻线尺式立式光学计的光学系统图

1、7— 反射镜；2— 三角棱镜；3— 分划板；4、8— 标尺；5— 直角棱镜；

6— 物镜；9— 目镜；10— 测杆，11— 零位调节手轮；12— 测帽

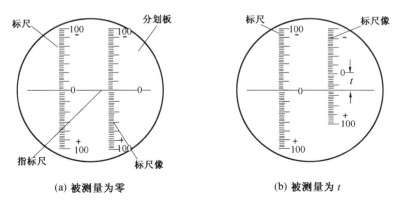

(a) 被测量为零   (b) 被测量为 t

图 1.4   分划板影像关系示意图

光学杠杆放大原理如图 1.5 所示。s 为被测尺寸变动量，t 为标尺像相应的移动距离，物镜和分划板刻线面之间的距离 F 为物镜焦距，该测杆至反射镜支承之间的距离为 a，则放大比 K 为

$$K = \frac{t}{s} = \frac{F \cdot \tan 2\alpha}{a \cdot \tan \alpha}$$

由于 α 角一般很小，可取 $\tan 2\alpha = 2\alpha$，$\tan \alpha = \alpha$，所以 $K = \dfrac{2F}{a}$。

一般光学计物镜焦距 $F = 200$ mm，$a = 5$ mm，则放大比 $K = 80$。若用 12 倍目镜观察时，标尺像又放大 12 倍，因此总放大比 n 为

$$n = 12K = 12 \times 80 = 960$$

当测杆移动 0.001 mm 时，在目镜中可见到 0.96 mm 的位移量。由于仪器的刻度尺刻度间距为 0.96 mm（它代表 0.001 mm），即这个位移量相当于刻度尺移动一个刻度距离，所以仪器的分度值为 1 μm。

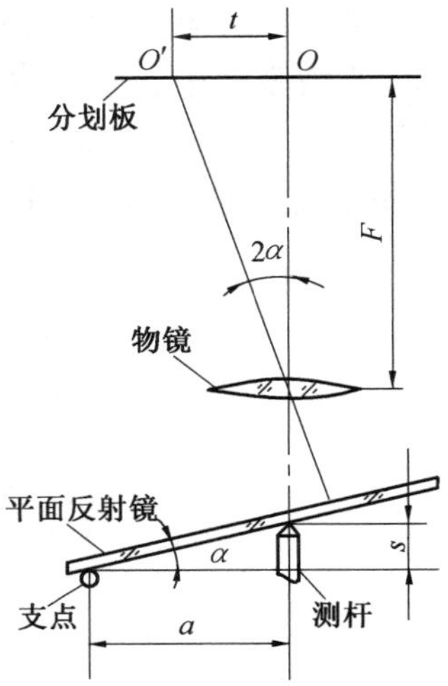

数显式立式光学计读数原理与刻线尺式立式光学计

图 1.5　光学杠杆放大原理

有所不同，它是采用光栅刻线尺传感器及数字信号处理系统，将测头的移动量转化为数字并由显示屏显示出来，因而测量结果更为直观，提高了测量精度和测量效率。

四、实验步骤

以刻线尺式立式光学计为例说明其实验步骤。

1. 选择测帽

测平面或圆柱面，采用球形测帽；测小于 10 mm 的圆柱面，采用刀口形测帽；测球面，采用平测帽。

2. 按被测零件的公称尺寸组合量块组（用 4 等量块）

选好的量块用脱脂棉浸汽油清洗，再经干脱脂棉擦净后研合在一起，并将其放在工作台上。

3. 调节零位

（1）刻线尺式立式光学计（图 1.1）调零。

① 粗调：锁紧微动凸轮螺钉 5，松开光管紧固螺钉 11，转动光管微动手柄 9，使托圈 10 与支臂 3 的间隙在最大位置附近，然后锁紧光管紧固螺钉 11。松开支臂紧固螺钉 4，转动支臂升降螺母 2，使测头 13 与量块上测面慢慢靠近，待两者极为靠近时（约留 0.1 mm 的间隙，切勿接触），将支臂紧固螺钉 4 锁紧。

② 精调：松开光管紧固螺钉 11，转动光管微动手柄 9，观察目镜 16 的视场，直至移动着的标尺像处于零位附近时，再将光管紧固螺钉 11 锁紧。若标尺像不清晰，可调节目镜 16 的视度环。

③ 微调：转动零位调节手轮 7，使标尺像对准零位
（图 1.6），然后用手轻轻按压测头升降杠杆 12 二至三次，以检
查零位是否稳定。若零位略有变化，可转动零位调节手轮 7 再
次对零。

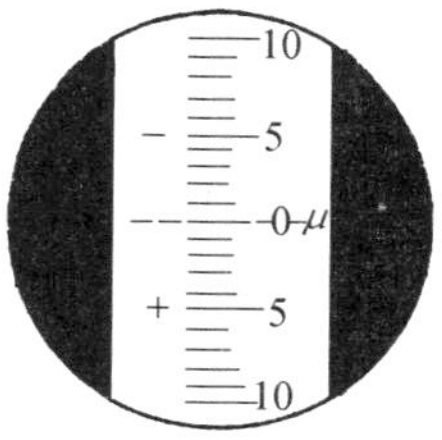

（2）数显式立式光学计（图 1.2）调零。

① 粗调：旋紧微动紧固螺钉 11，松开光学计管紧固螺钉
12，转动微动螺钉 7 使提升器 3 与横臂 6 的间隙在最大位置附

图 1.6　微调调整后

近，然后锁紧光学计管紧固螺钉 12。松开横臂紧固螺钉 5，转动升降螺母 4，使测头 13 与
量块上测面慢慢靠近，待两者极为靠近时（约留出 0.1 mm 的间隙，切勿接触），将横臂紧
固螺钉 5 锁紧。

② 精调：按下置零按钮 15，使数显窗 10 为全零显示。松开光学计管紧固螺钉 12，缓
慢转动微动螺钉 7，监视中心零位指示灯 9，当它点亮时，即把光学计管紧固螺钉 12 锁紧，
最后再按下置零按钮 15。

中心零位指示灯 9 一般在 + 130 μm 附近点亮，锁紧光学计管紧固螺钉 12 时，有时会
因为位置移动而使指示灯熄灭，此时可双手同时分别转动微动紧固螺钉 11 和光学计管紧
固螺钉 12，使刚好锁紧光学计管紧固螺钉 12 时，中心零位指示灯 9 点亮。

4. 测量

如图 1.1 所示，按压测头升降杠杆 12，抬起测头 13，取出量块，再将被测轴置于工作台
上，按图 1.7 所要求的部位进行测量。可先将被测轴上 Ⅰ—Ⅰ 截面（$A—A'$ 方向）靠近测
头，并使被测轴在测头下沿径向前后移动，由目镜中读取最大值（即读数转折点），此读数
就是被测尺寸相对量块尺寸的偏差，读数时应注意正、负号。然后依次测量同一素线上的
Ⅱ—Ⅱ、Ⅲ—Ⅲ 截面（$A—A'$ 方向）被测尺寸相对量块尺寸的偏差。采用同样的方法测量
相隔 90° 的 Ⅰ—Ⅰ、Ⅱ—Ⅱ、Ⅲ—Ⅲ 截面（$B—B'$ 方向）被测尺寸相对量块尺寸的偏差，并
将测量结果依次记入实验报告中。测得 3 个截面相隔 90° 的径向位置上共 6 个直径，其实
际偏差见表 1.1。

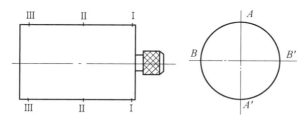

图 1.7　被测零件的测量部位

表 1.1　3 个测量部位 6 个测点的测量数据　　　　　　　　μm

测量方向	实际偏差		
	Ⅰ—Ⅰ	Ⅱ—Ⅱ	Ⅲ—Ⅲ
$A—A'$	− 16	− 8	− 10
$B—B'$	− 8	− 10	− 6

五、数据处理及合格性的评定方法

1. 评定轴径的合格性

上述所测 6 处直径的实际偏差都应在上、下验收极限所限定的区域内（图 1.8），则该轴直径才是合格的，即

$$\begin{cases} e_{\text{amax}} \leqslant \text{es} - A \\ e_{\text{amin}} \geqslant \text{ei} + A \end{cases}$$

式中　　e_{amax}—— 轴径的最大实际偏差；

　　　　e_{amin}—— 轴径的最小实际偏差；

　　　　A—— 安全裕度（即规定测量不确定的允许值，其数值见张也晗、刘永猛、刘品主编《机械精度设计与检测基础》第 11 版中表 3.18）。

2. 评定形状误差和方向误差的合格性

在被测轴的零件图上标注了素线直线度公差 t_-、圆度公差 $t_○$ 和圆柱度公差 t_N。由于在轴上测了两条素线，所以应求出两条素线直线度误差值 f_-，以及三个截面（I—I、II—II、III—III）的圆度误差 $f_○$ 和圆柱度误差 f_N，并将其中最大的 f_-、$f_○$ 和 f_N 分别与其公差值相比较，当 $f_- \leqslant t_-$、$f_○ \leqslant t_○$ 和 $f_N \leqslant t_N$ 时，即为合格。

（1）求素线直线度误差的方法有作图法和计算法两种，求出两条素线的直线度误差，取最大值作为最后结果。现举例说明。

如表 1.1 所示，已测得 A—A' 素线上的三点的实际偏差分别为：$e_{a1} = -16\ \mu\text{m}$；$e_{a2} = -8\ \mu\text{m}$；$e_{a3} = -10\ \mu\text{m}$。

① 作图法：如图 1.9 所示，先将首尾两点相连，再找出 II 点与该连线的纵坐标距离即可。此例中 $f_- = 5\ \mu\text{m}$。

② 计算法：

$$f_- = \left| e_{a2} - \frac{1}{2}(e_{a1} + e_{a3}) \right| = \left| -8 - \frac{1}{2}(-16 - 10) \right| = 5\ (\mu\text{m})$$

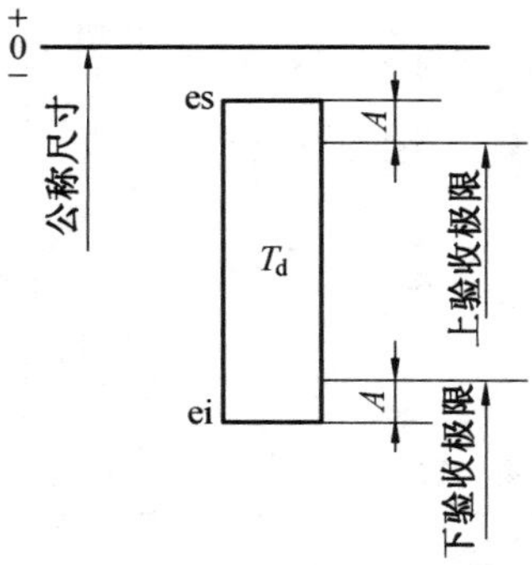

图 1.8　安全裕度 A 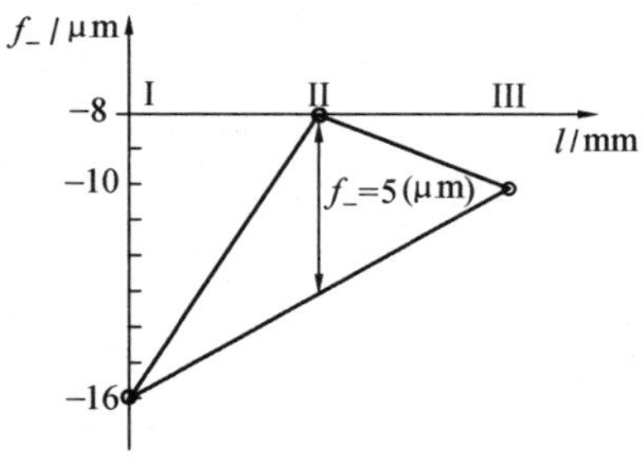　　　　　　图 1.9　作图法求 f_-

（2）求圆柱度误差和圆度误差方法可近似地用计算法，见表 1.1。

圆柱度误差可由测得最大偏差和最小偏差之差的 1/2 来确定。在本例中

$$f_N = [-6 - (-16)]/2 = 5\ (\mu\text{m})$$

圆度误差可用同一截面两垂直方向的直径差的一半近似作为该截面的圆度误差,取三个截面的圆度误差中最大值作为最后结果。在本例中

$$f_。 = [-8 - (-16)]/2 = 4(\mu m)$$

实验 1.2　用立式测长仪测量轴径

一、实验目的

学会立式测长仪的操作方法,重点要掌握其读数的方法。

二、仪器简介

立式测长仪是一种通用光学测量仪器,如图1.10所示。一般采用绝对测量法测量各种零件的外尺寸。

仪器的基本技术指标如下:

分度值　　　　0.001 mm
示值范围　　　0 ~ 100 mm
测量范围　　　0 ~ 200 mm

三、读数方法

如图 1.10 所示,在测量轴 1 上装有一个玻璃毫米刻线尺,它和测量头 2 可同时上下移动。测量头 2 到工作台面 3 的距离(被测尺寸)可由螺旋读数显微镜 4 读出。图 1.11 所示为立式测长仪螺旋读数显微镜结构示意图。毫米刻线尺上刻有长 100 mm、间距为 1 mm 的刻线 101 条,在固定分划板(0.1 毫米刻线尺)上刻

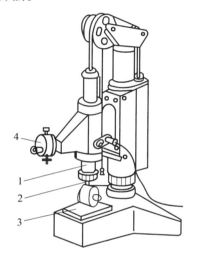

图 1.10　立式测长仪
1— 测量轴;2— 测量头;
3— 工作台面;4— 显微镜

有间距为 0.1 mm 的刻线 11 条,刻线旁边分别刻有数字 0 ~ 10,从 0 ~ 10 长度恰好为 1 mm,该分划板亦可称为 0.1 毫米刻线尺,此外,在固定分划板的上方还刻有一个指示箭头。活动分划板(微米度盘)是一个玻璃圆盘,可绕其中心 $O—O$ 回转,其上刻有螺距为 0.1 mm 的两条并列的阿基米德螺旋线,在活动分划板的中央部分还有一个被分为 100 等份的圆刻线尺,该分划板也称微米度盘。

借助手轮可使活动分划板(微米度盘)绕其中心 $O—O$ 回转,当微米度盘回转一周时(其上的圆周刻度转过了 100 个格),阿基米德螺旋线沿径向移动了一个螺距 p,即 0.1 mm。若圆周刻度只转过一个格,则阿基米德螺旋线沿径向的位移为

$$t = p \times \frac{1}{100} = 0.1 \times \frac{1}{100} \text{ mm} = 0.001 \text{ mm} = 1 \text{ } \mu m$$

因此,当活动分划板(微米度盘)回转的位置确定后,阿基米德螺旋线沿径向的位移量就可由圆周刻度转过的格数确定,这就是螺旋游标原理。

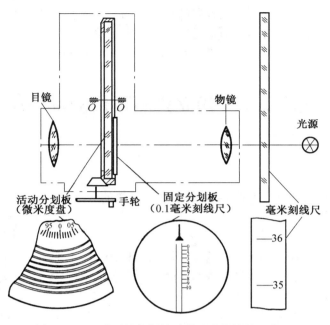

图 1.11　立式测长仪螺旋读数显微镜结构示意图

从目镜视场中可以看到毫米刻线尺、0.1 毫米刻线尺和微米度盘三者重合的像,不过在视场中只能看到毫米刻线尺和微米度盘的一小部分(图 1.12)。图 1.12(a)所表示的是测量头恰好落在工作台台面上的情况,此时读数为零。可以看出毫米刻线尺上的"0"刻线恰好与 0.1 毫米刻线尺上的"0"刻线重合,而 0.1 毫米刻线尺上方的指标箭头也恰好对准圆周刻度的"0"位。此外,0.1 毫米刻线尺上的 11 条刻线(0,1,2,…,10)都分别对称地位于双螺旋线之中。

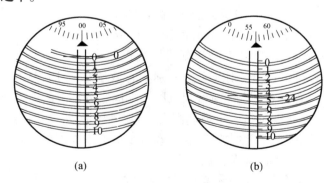

图 1.12　螺旋结构的读数方法

读数方法如下:

(1)当抬起测量头和被测零件相接触后,装在测量轴上的毫米刻线尺就上升到某一确定位置。从目镜视场中可以看到某一毫米刻线落在 0.1 毫米刻线尺的 0 ~ 10 的范围内。在图 1.12(b)中,24 mm 刻线位于此范围内,所以应读作 24 mm。

（2）读出 1/10 毫米数。由图 1.12（b）可看出，24 mm 刻线落在 0.1 毫米刻线尺的 4 和 5 之间，所以应读作 24.4 mm。

（3）为了读出百分之一毫米和千分之一毫米的读数，需转动图 1.11 中所示的手轮，使微米度盘回转，此时在目镜视场中可以看到双螺旋线沿测量轴方向移动。当某一双螺旋线移至恰好夹住了毫米刻线，并使毫米刻线在双螺旋线正中央时，应停止转动手轮。此时由固定分划板上的箭头所指的圆周刻度的格数读出微米读数。例如，图 1.12（b）指示箭头指在 57 μm 处，故该例中的整个读数应为 24.457 mm。

四、实验步骤

（1）抬起测头并将被测轴置于工作台上，使其在测头下沿径向前后移动并在目镜中观察，当毫米刻线处于最低位置时，停止移动。

（2）转动读数显微镜 4 的手轮（图 1.11），夹住毫米刻线后进行读数。然后将工件转过一个位置，再读取一个数值。

（3）判断合格性。

五、思考题

（1）测量时为何要使工件在测头下沿径向前后移动？

（2）绝对测量和相对测量有何区别？

实验 1.3　内径指示表测量孔径

一、实验目的

（1）了解内径指示表相对测量的原理。

（2）掌握内径指示表的调零及测量方法。

二、仪器简介

内径指示表是测量孔径的通用测量仪器，一般用量块或标准圆环作为基准，采用相对测量法测量内径，特别适宜于测量深孔。内径指示表又分为内径百分表和内径千分表，并按其测量范围分为许多挡，可根据尺寸大小及精度要求进行选择。每个仪器都配有一套固定测头以备选用，仪器的测量范围取决于测头的范围。本实验所用内径百分表的主要技术指标如下：

分度值　　　　　0.01 mm

示值范围　　　　0 ~ 10 mm

测量范围　　　　50 ~ 160 mm

三、测量原理

图 1.13 所示为内径百分表结构示意图,内径百分表是以同轴线上的固定测头和活动测头与被测孔壁相接触进行测量的。它备有一套长短不同的固定测头,可根据被测孔径大小选择更换。

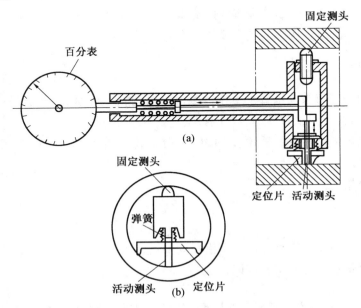

图 1.13　内径百分表结构示意图

测量时,活动测头受到孔壁的压力而产生位移,该位移经杠杆系统传递给指示表,并由指示表进行读数。为了保证活动测头与固定测头的轴线处于被测孔的直径方向上,在活动测头的两侧有对称的定位片,定位片在弹簧的作用下,对称地压靠在被测孔径两边的孔壁上,从而达到上述要求。

四、实验步骤

1. 选择固定测头

选择与被测孔径公称尺寸相应的固定测头装到内径指示表上。

2. 调节零位(图 1.14)

(1) 按被测孔径的公称尺寸组合量块,并将该量块组放入量块夹中夹紧。

(2) 将内径指示表的两测头放入两量爪之间,与两量爪相接触。为了使内径指示表的两测头轴线与两量爪平面相垂直(两量爪平面间的距离就是量块组的尺寸),需拿住表杆中部,微微摆动内径指示表,找出表针的转折点,并转动表盘,使"0"刻线对准该转折点,此时零位已调好。

3. 测量孔径(图 1.15)

将内径指示表放入被测孔中,微微摆动指示表,并按指示表的最小示值(表针转折点）读数。该数值为内径局部实际尺寸与其公称尺寸的偏差。

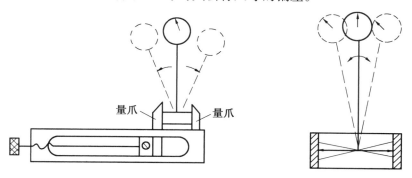

图 1.14　调整示值零位　　　　　　　　图 1.15　测量孔径

　　如图 1.16 所示，在被测孔的三个横截面（Ⅰ—Ⅰ、Ⅱ—Ⅱ、Ⅲ—Ⅲ）、两个方向上（*A*—*A*′、*B*—*B*′）测出 6 个实际偏差，并记入实验报告中。

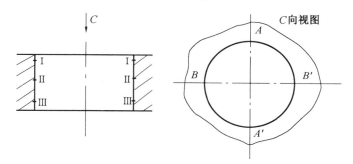

图 1.16　被测零件的测量部位

4. 评定合格性

　　被测孔径 6 个实际偏差都应在上、下验收极限所限定的区域内，该孔径才合格，即

$$\begin{cases} E_{amax} \leqslant ES - A \\ E_{amin} \geqslant EI + A \end{cases}$$

式中　　A—— 安全裕度；

　　　　E_{amax}—— 孔径的最大实际偏差；

　　　　E_{amin}—— 孔径的最小实际偏差。

　　这里，圆度误差 $f_○$ 是由测得孔径实际偏差求出的。由于在被测孔的一个截面上只测了相互垂直的两个直径的实际偏差 $E_{AA'}$ 和 $E_{BB'}$，故圆度误差为

$$f_○ = \frac{1}{2} \, | \, E_{AA'} - E_{BB'} \, |$$

　　当圆度误差不大于圆度公差时，该孔圆度才合格，即

$$f_○ \leqslant t_○$$

式中　　$t_○$—— 圆度公差。

图 1.16 测量了内孔的三个截面,此孔的圆度误差应取三个截面中圆度误差值最大的作为测量结果。

五、思考题

(1) 本实验的测量方法属于绝对测量法还是相对测量法?有无阿贝误差?

(2) 为何要在摆动内径指示表时对零和读数?指针转折点是最小值还是最大值?为什么?

(3) 如果内径指示表的活动测头或固定测头磨损了,用它们调整指示值的零位对测量结果是否有影响?

实验2　形状误差测量

实验2.1　自准直仪测量平台的直线度误差

一、实验目的

（1）了解自准直仪的结构、工作原理以及测量给定平面内的直线度误差的方法。

（2）掌握用作图法按最小包容区域法和两端点连线法求解直线度误差值的方法。

二、仪器简介

自准直仪又称平面度检查仪和平直仪，它是一种测量微小角度变化的仪器。除了测量直线度误差外，还可测量平面度误差、垂直度误差、平行度误差及小角度等。自准直仪由仪器本体和反射镜两部分组成。仪器本体包括平行光管、读数显微镜和光学系统，如图2.1所示。

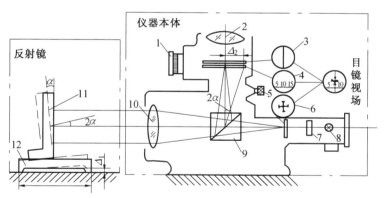

图 2.1　自准直仪的光学系统图

1—读数鼓轮；2—目镜；3—可动分划板；4—固定分划板；5—定位螺钉；6—分划板；

7—滤光片；8—光源；9—立方棱镜；10—物镜；11—平面反射镜；12—桥板

仪器的基本技术指标如下：

分度值	1 s 或 0.000 5 mm/m
示值范围	±500 s
测量范围（被测长度）	约 5 m

三、工作原理——自准直原理

由自准直仪光学系统(图2.1)可知,由光源 8 发出的光线,经滤光片 7,照亮了带有一个十字刻线的分划板 6(位于物镜 10 的焦平面上),并通过立方棱镜 9 及物镜 10 形成平行光束投射到平面反射镜 11 上。而经平面反射镜 11 返回的光线穿过物镜 10,投射到立方棱镜 9 的半反半透膜上,向上反射而汇聚在可动分划板 3(上刻有一条指标线)和固定分划板 4(上面刻有刻度线)上,两个分划板均位于物镜 10 的焦平面上。由于可动分划板 3 和固定分划板 4 都位于目镜 2 的焦平面上,所以在目镜视场中可以同时看到指标线、刻度线及十字刻线的影像。

如果平面反射镜 11 的镜面与主光轴垂直,则光线由原路返回,在固定分划板 4 上形成十字影像,此时若用指标线对准十字影像,则指标线应指在固定分划板 4 的刻线"10"上,且读数鼓轮 1 的读数正好为"0"[图2.2(a)]。

如果平面反射镜 11 的镜面与主光轴不垂直,也就是反射镜倾斜了 α 角,此时,反射光线与主光轴成 2α 角。因此穿过物镜后,在固定分划板 4 上所成十字像偏离了中间位置。若移动指标线对准该十字像,则指标线不是指在"10",而是偏离了一个 Δ_2 值[图2.1 及图2.2(b)]。此偏离量与倾斜角 α 有一定关系,α 的大小可以由固定分划板 4 及读数鼓轮 1 的读数确定。

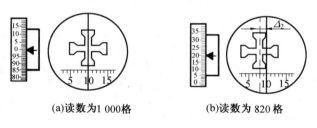

(a)读数为1 000 格   (b)读数为 820 格

图2.2 测量时的示值

读数鼓轮 1 上共有 100 个小格。而读数鼓轮每回转一周,可动分划板 3 上的指标线在视场内移动 1 个格,所以视场内的 1 格等于鼓轮上的 100 个小格。读数时,应将视场内读数与读数鼓轮上的读数合起来。如图 2.2(a)所示,视场内读数为 1 000 格,鼓轮读数为 0,合起来读数应为 1 000 格。再如图 2.2(b)所示,视场内读数为 800 格,鼓轮读数为 20 格,故合起来读数应为 820 格。仪器的角分度值为 1″,即每小格代表 1″,故可容易地读出倾斜角 α 的值。为了能直接读出桥板与平台两接触点相对于主光轴的高度差 Δ_1 的数值(图2.1),可将格值用线值来表示。此时,线分度值与桥板的跨距有关,当桥板跨距为 100 mm 时,则分度值恰好为0.000 5 mm(即 100 mm×tan 1″≈0.000 5 mm)。

用自准直仪测量直线度误差,就是将被测要素与自准直仪发出的平行光线(模拟理想直线)相比较,并将所得数据用作图法或计算法求出被测要素的直线度误差值。

四、实验步骤

自准直仪的仪器本体是固定的,通过移动带有反射镜的桥板进行测量,如图 2.3 所示。

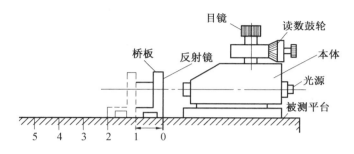

图 2.3　用自准直仪测量直线度误差

（1）将自准直仪的仪器本体和桥板均放置在被测平面的一端,接通本体电源后,左右微微转动桥板,使反射镜镜面与仪器光轴垂直,此时从仪器目镜中能看到从镜面反射回来的十字亮带,旋转读数鼓轮,使可动分划板上的指标线与十字亮带的水平亮带中间重合,并读出读数鼓轮上的读数（即 0—1 测点位置上读数 a_1 就是 1 点相对零点的高度差值）。

（2）将桥板依次移到 1—2、2—3、3—4、4—5 等各位置,并重复上述操作,记取各次读数 a_2、a_3、a_4、a_5。

（3）再将桥板按 5—4、4—3、3—2、2—1、1—0 的顺序,依次回测,记下各次读数 a_5'、a_4'、a_3'、a_2'、a_1'。若两次读数相差较大,应检查原因后重测。

（4）进行数据处理并用作图法求直线度误差。

五、数据处理方法

举例说明:如图 2.3 所示,桥板的跨距 $e = 100$ mm,平台长 $L = 500$ mm,可将测量的平台分为 5 段,测得数据见表 2.1。

表 2.1　直线度误差的测量数据　　　　　　　　μm

测点序号 i	0	1	2	3	4	5
顺测读数 a_i	0	+3	+14	−5	+38	−20
回测读数 a_i'	0	+1	+16	−5	+42	−20
平均值	0	+2	+15	−5	+40	−20
相对测点 1 的读数	0	0	+13	−7	+38	−22
累积值	0	0	+13	+6	+44	+22

为了用最小包容区域法求出直线度误差,可在直角坐标上按累积坐标值,画出如图 2.4 所示的误差折线。然后,用两条距离为最小的平行直线包容此误差折线,则两平行线间沿纵坐标方向的距离即为直线度误差。符合最小包容区域的平行直线的画法是:使折

线上所有点都处于两条平行直线之间,且折线有两个最低点落在下边直线上,而此两点之间必有最高点落在上边直线上为"低-高-低"准则;或者折线有两个最高点落在上边的直线上,而此两点之间有最低点落在下边的直线上为"高-低-高"准则。

在图 2.4 中,连接误差折线的两个最低点 A 和 B,得到直线 Ⅰ,最高点 F 在 A、B 两点之间(符合最小包容区域的低-高-低原则),过 F 点做 AB 的平行线,得到直线 Ⅱ。为求得这两条平行直线的纵坐标距离,既可以直接从图中量取,也可以添加辅助线(图中虚线)通过计算得到,本实验中两条平行直线的纵坐标距离为 30 μm,即直线度误差 f_- = 30 μm。

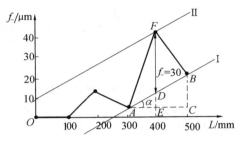

图 2.4　直线度误差的评定

六、思考题

(1)为什么要根据累积值作图?

(2)根据实验所画折线,按两端点连线法和最小包容区域法求得的误差值是否相同?

(3)在所画的误差图形上,应按包容线的垂直距离取值,还是按纵坐标方向取值?

实验 2.2　分度头测量圆度误差

一、实验目的

(1)了解分度头的工作原理。

(2)掌握在分度头上近似测量圆度误差的方法及圆度误差判断方法。

二、仪器简介

光学分度头是一种通用光学测量仪器,应用很广泛。光学分度头的类型很多,但其共同特点是都具有一个分度装置,而且分度装置与传动机构无关,所以可以达到较高的分度精度。此外,光学分度头还带有阿贝头、指示表、定位器等多种附件,所以除测量角度外,还可测量齿轮齿距等。分度头的分度值多以秒计,本实验测量圆度误差,对回转角度的精度要求不高,故采用了分度值为 1′ 的分度头。

三、工作原理

图 2.5 是分度值为 1′ 的光学分度头结构示意图。分度头的玻璃刻度盘安装在主轴上,可以随主轴一起回转。在玻璃刻度盘的圆周上刻有 360 条度值刻线。由光源发出的光线射到玻璃刻度盘上之后,经物镜及一系列棱镜成像于分划板上,在分划板上刻有 61 条分值刻线,由于分划板也位于目镜焦平面上,故由目镜可以读出主轴回转的角度。图 2.6 为目镜视场的图像,其读数为 24°34′。

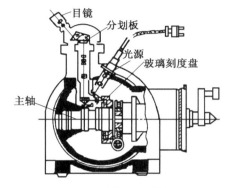 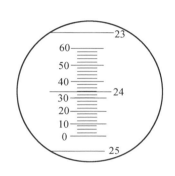

图 2.5 光学分度头结构示意图　　　　图 2.6 目镜示场中读数为 24°34′

四、实验步骤

(1)将被测零件装在光学分度头的两顶尖之间,并将指示表的测头靠在被测零件上,前后移动指示表,使其测头与被测零件最高点相接触(即指针的转折点位置),如图 2.7 所示。

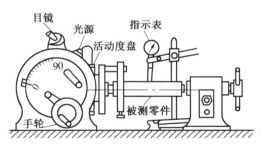

图 2.7 用光学分度头测量圆度误差

(2)将分度头外面的活动度盘转至 0°,记下指示表上的读数。

(3)转动手轮,注视活动度盘,使分度头每转过 30°(即 30°,60°,…,360°),就由指示表上读取一个数值。测完一周,共记下 12 个读数。按下述数据处理方法求该截面轮廓的圆度误差。测量若干截面轮廓的圆度误差,取其中最大值作为该被测零件圆柱面的圆度误差 f_o,若 f_o 小于或等于圆度公差 t_o,则此项指标合格。

五、数据处理

上述用指示表测量圆周 12 等份处轴的半径差是表示以中心孔为圆心的极坐标轮廓，评定圆度误差时，需要确定理想圆的圆心，其方法有四种，即最小包容区域法、最小二乘圆法、最小外接圆法和最大内接圆法。本实验采用最小包容区域法。

最小包容区域是指包容实际轮廓的两个半径差为最小的同心圆，包容时至少有四个实测点内外相间地在两个圆周上。确定圆度误差的方法如下：

（1）将所测各读数都减去读数中的最小值，使相对读数全为正值；按适当比例放大后，将各数值依次标记在极坐标纸上，如图 2.8 所示。

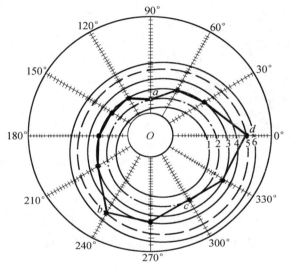

图 2.8　半径变化量折线图

（2）将透明的同心圆模板覆盖在极坐标图上，并在图上移动，使某两个同心圆包容所标记的各个点，而且此两圆之间距离为最小。此时，至少有四个点顺序交替地落在此两圆的圆周上（内-外-内-外），如图中 a、c 两点同在内接圆 2 上，b、d 两点同在外接圆 5 上，其余各点均被包容在此两圆之间，则此两圆间的区域为最小包容区域，圆心在 O 点。两圆之间距离为 3 格，假设每格标定值代表 2 μm，则圆度误差为 6 μm。

（3）用圆规以 O 点为中心，画出两个包容各实测点的最小区域圆，量出此两圆的半径差，除以图形的放大倍数，也可确定圆度误差。

若将指示表改换为电感测头并连接到计算机上，圆度误差值可直接由计算机显示或打印出来。

六、思考题

分析测量结果中，除圆度误差外还可能包含何种误差？

实验 2.3　指示表测量平面度误差

一、实验目的

（1）了解平板测量方法。
（2）掌握平板测量的评定方法及数据处理方法。

二、测量简介

测量平板的平面度误差方法主要有：用基准平板模拟基准平面，用指示表进行测量，如图 2.9 所示，基准平板精度较高，一般为 0 级或 1 级。对中、大型平板通常用水平仪或自准直仪进行测量，可按一定的布线方式，测量若干直线上的各点，再经过数据处理，统一为对某一测量基准平面的坐标值。

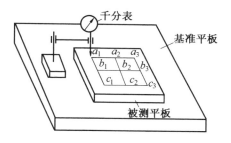

图 2.9　用指示表测量平面度误差

无论用何种方法，测量前都先在被测平面上画方格线（图 2.9），并按所画线进行测量。

测量所得数据是对测量基准而言的，为了评定平面度误差，还需进行坐标变换，以便将测得值转换为与评定方法相应的评定基准的坐标值。

三、实验步骤

本实验是用基准平板作为测量基准，用指示表（千分表）测量被测平板（图 2.9）。

（1）如图 2.9 所示，将被测平板沿纵横方向画好网格，本例中测量 9 个点，四周边缘留 10 mm，然后将被测平板放在基准平板上，按画线交点位置，移动千分表架，记下各点读数并填入表中。

（2）由测得的各点示值处理数据，求解平面度误差值。

四、平面度误差的评定方法

1. 按最小包容区域评定

参看图 2.10，由两平行平面包容实际被测表面时，实际被测表面上应至少有三至四点分别与这两个平行平面接触，且满足下列条件之一，此时这两个包容平面之间的区域称为最小包容区域，最小包容区域的宽度即为符合最小包容区域的平面度误差值。

（1）三角形准则：至少有三个高（低）极点与一个包容平面接触，有一个低（高）极点与另一个包容平面接触，且该点的投影落在上述三点连成的三角形内或位于三角形的一条边线上［图 2.10（a）］。

（2）交叉准则：至少有两个高极点和两个低极点分别与两包容平面接触，且两个高极点的连线和两个低极点的连线在空间呈交叉状态［图 2.10（b）］。

（3）直线准则：有两个高（低）极点与一个包容平面接触，有一个低（高）极点与另一个包容平面接触，且该点的投影能落在上述两点的连线上［图2.10（c）］。

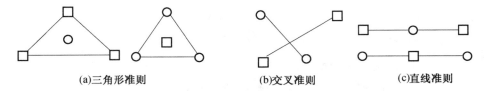

(a)三角形准则　　　　　(b)交叉准则　　　　　(c)直线准则

图2.10　最小包容区域的判别准则

○—高极点；□—低极点

2. 按对角线平面法评定

用通过实际被测表面的一条对角线且平行于另一条对角线的平面作为评定基准，以各测点对此评定基准的偏离值中的最大偏离值与最小偏离值之差作为平面度误差值。测点在对角线平面上方时，偏离值为正值；测点在对角线平面下方时，偏离值为负值。

3. 按三远点平面法评定

用实际被测表面上相距最远的三个点建立的平面作为评定基准，以各测点对此评定基准的偏离值中的最大偏离值与最小偏离值之差作为平面度误差值。测点在三远点平面上方时，偏离值为正值；测点在三远点平面下方时，偏离值为负值。

五、示例

按图2.9的测量装置，测得某一小平板（均匀布置测9个点）所得数据如图2.11所示。

+2 (a_1)	+4 (a_2)	+12 (a_3)
+7 (b_1)	+4 (b_2)	+8 (b_3)
0 (c_1)	+5 (c_2)	+2 (c_3)

0 (a_1)	+2 (a_2)	+10 (a_3)
+5 (b_1)	+2 (b_2)	+6 (b_3)
−2 (c_1)	+3 (c_2)	+0 (c_3)

（a）各测点的示值　　　　　（b）各测点与a_1示值的代数差

图2.11　平面度误差的测量数据（单位：μm）

1. 平面度误差测量数据处理方法

为了方便测量数据的处理，首先求出图2.11（a）所示的9个测点的示值与第一个测点a_1的示值（+2 μm）的代数差，得到如图2.11（b）所示的9个测点的数据。

评定平面度误差值时，首先将测量数据进行坐标转换，把实际被测表面上各测点对测量基准的坐标值，转换为对评定方法所规定的评定基准的坐标值。各测点之间的高度差不会因基准转换而改变。在空间直角坐标系中，取第一行横向测量线为x坐标轴，第一条纵向测量线为y坐标轴，测量方向为z坐标轴，第一个测点a_1为原点O，测量基准为Oxy平面。换算各测点的坐标值时，以x坐标轴和y坐标轴作为旋转轴。设绕x坐标轴旋转的单位旋转量为y，绕y坐标轴旋转的单位旋转量为x，则当实际被测表面先绕x坐标轴旋转,再绕 y 坐标轴旋转时,实际被测表面上各测点的综合旋转量如图 2.12 所示(位于原点的第一个测点 a_1 的综合旋转量为零)。各测点的原坐标值加上综合旋转量,就可求得坐标转换后各测点的坐标值。

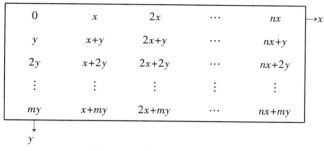

图 2.12 各测点的综合旋转量

2. 按对角线法评定平面度误差

按图 2.11(b) 所示的数据,为了获得通过被测平面上一对角线且平行于另一对角线的平面,使 a_1、c_3 两点和 a_3、c_1 两点旋转后分别等值,由图 2.11(b) 和图 2.12 得出下列关系式

$$\begin{cases} 0 = 0 + 2x + 2y \\ +10 + 2x = -2 + 2y \end{cases}$$

解得绕 y 轴和 x 轴旋转的单位旋转量分别为(正、负号表示旋转方向): $x = -3$ μm, $y = +3$ μm。

把图 2.11(b) 中对应的各点分别加上单位旋转量后得到图 2.13 所示的示值。

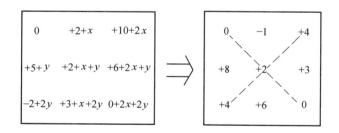

图 2.13 对角线法旋转后各测点的示值(单位: μm)

由图 2.13 可得,按对角线法求得的平面度误差值为

$$f'_{\square} = |+8 - (-1)| = 9 \ (\mu m)$$

3. 按最小包容区域法评定平面度误差

分析图 2.11(b) 中的 9 个测点,估计被测面符合交叉准则(即 $a_1 c_3$ 直线与 $b_1 a_3$ 直线交叉),使 a_1、c_3 两点和 b_1、a_3 两点旋转后等值,可列出下列关系式

$$\begin{cases} 0 = 0 + 2x + 2y \\ +5 + y = +10 + 2x \end{cases}$$

求得绕 y 轴和 x 轴旋转的单位旋转量分别为

$$x = -\frac{5}{3} \ \mu m, \quad y = +\frac{5}{3} \ \mu m$$

把图 2.11(b) 中对应的各点分别加上单位旋转量后得到图 2.14 所示的示值。

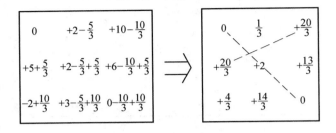

图 2.14　最小包容区域法旋转后各测点的示值(单位:μm)

由图 2.14 可得按最小包容区域法求得的平面度误差值为

$$f_\square = |+\frac{20}{3} - 0| \approx 6.7 \ (\mu m)$$

由此可见,最小包容区域法评定平面度误差值最小,也最合理。

实验 3　方向、位置和跳动误差测量

实验 3.1　箱体的方向、位置和跳动误差检测

一、实验目的

（1）学会用普通计量器具和检验工具测量方向、位置和跳动误差的方法。
（2）理解方向公差、位置公差和跳动公差的实际含义。

二、测量原理

　　方向、位置和跳动误差由被测实际要素对基准的变动量进行评定。在箱体上，一般用平面和孔面作基准，测量箱体方向、位置和跳动误差的原理，是以平板或心轴来模拟基准，用检验工具和指示表来测量被测实际要素上各点对平板的平面或心轴的轴线之间的距离，按照方向公差、位置公差和跳动公差要求来评定其误差值。例如，图 3.1 中，被测箱体有 7 项公差，各项公差要求及相应误差的测量原理分述如下。

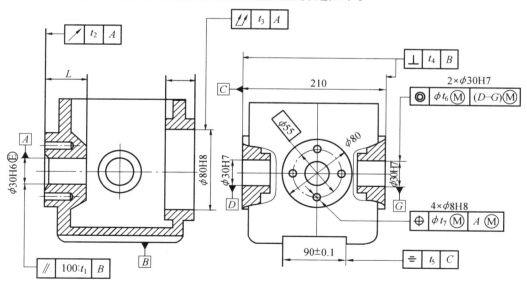

图 3.1　被测箱体

1. <u>　// ｜ 100 : t_1 ｜ B　</u>

　　表示孔 $\phi30\text{H}6\text{Ⓔ}$ 的轴线对箱体底平面 B 的平行度公差，在轴线长度 100 mm 内，其平行度公差为 t_1 mm，在孔壁长度 L mm 内，公差为 $t_1L/100$ mm。

测量时,用平板模拟基准平面 B,用孔的上、下素线对应的轴心线代表孔的轴线。因孔较短,孔的轴线弯曲很小,因此,其形状误差可忽略不计,可测孔的上、下壁到基准面 B 的高度,取孔壁两端的中心高度差作为平行度误差。

2. | ∕ | t_2 | A |

表示端面对孔 $\phi30$H6Ⓔ轴线的轴向圆跳动误差不大于其公差 t_2 mm,以孔 $\phi30$H6Ⓔ 的轴线 A 为基准。

测量时,用心轴模拟基准轴线 A,测量该端面上某一圆周上的各点与垂直于基准轴线的平面之间的距离,以各点距离的最大差值作为轴向圆跳动误差。

3. | ⌰ | t_3 | A |

表示 $\phi80$H8 孔壁对孔 $\phi30$H6Ⓔ轴线的径向全跳动误差不大于其公差 t_3 mm,以孔 $\phi30$H6Ⓔ的轴线 A 作为基准。

测量时,用心轴模拟基准轴线 A,测量 $\phi80$H8 孔壁的圆柱面上各点到基准轴线的距离,以各点距离中的最大差值作为径向全跳动误差。

4. | ⊥ | t_4 | B |

表示箱体两侧面对箱体底平面 B 的垂直度公差均为 t_4 mm。

用被测面和底面之间的角度与直角尺比较来确定垂直度误差。

5. | ═ | t_5 | C |

表示宽度为 90 ± 0.1 mm 的槽面的中心平面对箱体左、右两侧面的中心平面的对称度公差为 t_5 mm。

分别测量左槽面到左侧面和右槽面到右侧面的距离,并取对应的两个距离之差中绝对值最大的数值,作为对称度误差。

6. | ◎ | ϕt_6 Ⓜ | ($D-G$) Ⓜ |

表示两个孔 $\phi30$H7 的实际轴线对其公共轴线的同轴度公差为 ϕt_6 mm,Ⓜ表示 ϕt_6 是在两孔均处于最大实体状态下给定的,这项要求最适宜用同轴度功能量规检验。

7. | ⌖ | ϕt_7 Ⓜ | A Ⓜ |

表示 4 个孔 $\phi8$H8 的轴线的位置度公差为 ϕt_7 mm,以孔 $\phi30$H6Ⓔ的轴线 A 作为基准。Ⓜ表示 ϕt_7 是在 4 个孔径和基准孔均处于最大实体状态之下给定的,这项要求最适宜用位置度功能量规检验。

三、测量工具

测量箱体方向、位置和跳动误差的常用工具有:

1. 平板

平板用于放置箱体及所用工具,模拟基准平面。

2. 心轴和轴套

心轴和轴套插入被测孔内,模拟孔的轴线。

3. 量块

量块用作长度基准,或垫高块。

4. 角度块和直角尺

角度块和直角尺用作角度基准,测量倾斜度和垂直度。

5. 各种常用计量器具

各种常用计量器具用于对方向、位置和跳动误差的测量并读取数据,如杠杆百分表等。

6. 各种专用量规

各种专用量规用于检验同轴度、位置度等。

7. 各种辅助工具

各种辅助工具如表架、定位块等。

根据测量要求和具体情况选择工具。

四、实验步骤

1. 测量平行度误差（ $\boxed{\ //\ \vert\ 100:t_1\ \vert\ B\ }$ ）

（1）如图 3.2 所示,将箱体 2 放在平板 1 上,使 B 面与平板接触。

（2）测量孔的轴剖面内的下素线的 a_1、b_1 两点（离边缘约 2 mm 处）至平板的高度。其方法是将杠杆百分表 5 的换向手柄朝上拨,推动表座 3,使测头伸进孔内,调整杠杆百分表 5 使测杆 4 大致与被测孔平行,并使测头与孔接触在下素线 a_1 点处,转动表座 3 的微调螺钉,使表针预压半圈,再横向来回推动表座 3,找到测头在孔壁的最低点,取表针在转折点时的读数 M_{a_1}（表针逆时针方向读

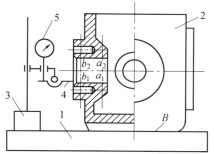

图 3.2　平行度测量
1—平板;2—箱体;3—表座;
4—测杆;5—杠杆百分表

数为大）。将表座 3 拉出,用同样方法测出 b_1 点到平板的高度,得读数 M_{b_1}。退出时,不要使测杆 4 碰到孔壁,以保证两次读数时的测量状态相同。

（3）测量孔的轴剖面内的上素线 的 a_2、b_2 这两点到平板的高度。此时需将表的换向手柄朝下拨,用同样方法分别测量 a_2、b_2 两点到平板的高度,找到测头在孔壁的最高点,取表针在转折点时的读数 M_{a_2} 和 M_{b_2}（表针顺时针方向读数为小）。其平行度误差按下式计算

$$f_{//} = \left| \frac{M_{a_1}+M_{a_2}}{2} - \frac{M_{b_1}+M_{b_2}}{2} \right| = \frac{1}{2} \left| (M_{a_1}-M_{b_1}) + (M_{a_2}-M_{b_2}) \right|$$

若 $f_{//} \leqslant \dfrac{L}{100}t_1$,则该项合格。

2. 测量端面的轴向圆跳动误差（ $\boxed{\ /\ \vert\ t_2\ \vert\ A\ }$ ）

（1）如图 3.3 所示,把箱体 2 放在平板 1 上,将带有轴套 4 的心轴 3 插入孔 $\phi30H6$Ⓔ 内,使心轴右端顶针孔中的钢球 6 顶在角铁 7 上。

（2）调节指示表 5,使测头与被测孔端面的最大直径处接触,并将表针预压半圈。

（3）将心轴3向角铁7推紧并回转一周，取指示表5上的最大读数与最小读数之差作为轴向圆跳动误差$f_↗$。若$f_↗≤t_2$，则该项合格。

3. 测量径向全跳动误差（$⟋⟋$　t_3　A）

（1）如图3.4所示，把箱体2放在平板1上，将心轴3插入$\phi30H6Ⓔ$孔内，使定位面紧靠孔口，并用挡套6从里面将心轴定住。在心轴3的另一端装上轴套4，调整杠杆百分表5，使其测头与孔壁接触，并将表针预压半圈。

（2）将轴套4绕心轴3回转，并沿轴线方向左、右移动，使测头在孔的表面上走过，取杠杆百分表5上的最大读数与最小读数之差作为径向全跳动误差$f_{⟋⟋}$，若$f_{⟋⟋}≤t_3$，则该项合格。

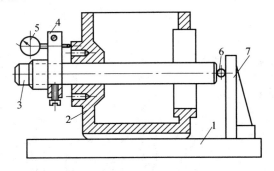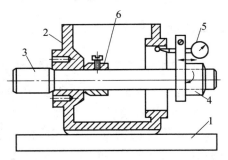

图3.3　轴向圆跳动测量　　　　　　图3.4　径向全跳动测量

1—平板；2—箱体；3—心轴；4—套轴；　　1—平板；2—箱体；3—心轴；4—套轴；

5—指示表；6—钢球；7—角铁　　　　　5—杠杆百分表；6—挡套

4. 测量垂直度误差（$⊥$　t_4　B）

（1）如图3.5（a）所示，先将表座3上的支承点4和指示表5的测头同时靠上标准直角尺6的侧面，并将表针预压半圈，转动表盘使零刻度表针对齐，此时读数取零。

（2）把箱体2放在平板1上，再将表座3上支承点4和指示表5的测头靠向箱体侧面，如图3.5（b）所示，记录指示表5的读数。移动表座3，测量整个测面，取各次读数的绝对值中的最大值作为垂直度误差$f_⊥$，若$f_⊥≤t_4$，则该项合格。要分别测量左、右两侧面。

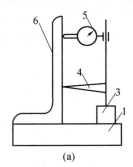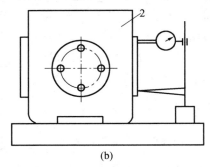

（a）　　　　　　　　　　　　　　（b）

图3.5　垂直度测量

1—平板；2—箱体；3—表座；4—支承点；5—指示表；6—标准直角尺

5. 测量对称度误差（ | ⌖ | t_5 | C | ）

（1）如图 3.6 所示，将箱体 2 的左侧面置于平板 1 上，将杠杆百分表 4 的换向手柄朝上拨，推动表座 3，使测头伸进槽内，调整杠杆百分表 4 的位置使测杆 5 平行于槽面，并将表针预压半圈。

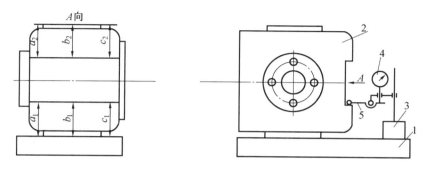

图 3.6　对称度测量

1—平板；2—箱体；3—表座；4—杠杆百分表；5—测杆

（2）分别测量槽面上 3 处高度 a_1、b_1、c_1，记录读数 M_{a_1}、M_{b_1}、M_{c_1}；再将箱体右侧面置于平板上，保持杠杆百分表 4 的原有高度，分别测量另一槽面上三处高度 a_2、b_2、c_2，记录读数 M_{a_2}、M_{b_2}、M_{c_2}，则各对应点的对称度误差分别为

$$f_a = |M_{a_1} - M_{a_2}|, \quad f_b = |M_{b_1} - M_{b_2}|, \quad f_c = |M_{c_1} - M_{c_2}|$$

取其中的最大值作为两槽面的中心平面对两侧面中心平面的对称度误差 $f_{⌖}$。若 $f_{⌖} \leqslant t_5$，则该项合格。

6. 检验同轴度误差（ | ◎ | ϕt_6 Ⓜ | (D—G) Ⓜ | ）

同轴度误差采用同轴度功能量规检验，如图 3.7 所示，将同轴度功能量规分别从箱体的左端面和右端面插入两个孔中，若同轴度量规能同时通过两孔，则该两孔的同轴度符合要求。同轴度功能量规直径的公称尺寸按被测孔的最大实体实效尺寸 D_{MV}（$D_{MV} = D_{\min} - t_6$）设计。

7. 检验位置度误差（ | ⊕ | ϕt_7 Ⓜ | A Ⓜ | ）

位置度误差采用位置度功能量规检验，如图 3.8 所示，将位置度功能量规的塞规先插入基准孔 $\phi30H6$ Ⓔ 中（图 3.1），接着将 4 个测销插入 4 个被测孔 $4 \times \phi8H8$ 中（图 3.1）。若能同时插入 4 个被测孔，则证明 4 个被测孔所处的位置合格。

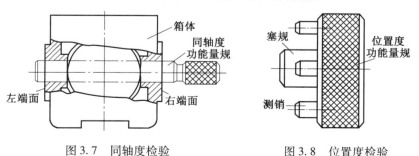

图 3.7　同轴度检验　　　　　　图 3.8　位置度检验

位置度功能量规的 4 个被测孔的测销直径,均等于被测孔的最大实体实效尺寸($D_{MV}=8-t_7$ mm),基准孔的塞规直径等于基准孔的最大实体尺寸($\phi30$ mm),各测销的位置尺寸与被测各孔位置的理论正确尺寸($\phi55$ mm)相同。

8. 做合格性结论

若上述 7 项误差都合格,则该被测箱体合格。

五、思考题

(1)用标准直角尺校调表座时[图 3.5(a)],如果表针未指零刻度,是否可用? 此时如何处理测量结果?

(2)全跳动测量与同轴度测量有何异同?

实验 3.2　框式水平仪测量导轨平行度误差

一、实验目的

(1)了解一种检测原则及基准的体现方法。

(2)掌握框式水平仪的工作原理和使用方法。

(3)掌握一种直线度和平行度的测量及数据处理方法。

二、仪器简介

水平仪一般是用于测量水平面或垂直面上的微小角度。水平仪(除电感水平仪外)的基本元件是水准器,它是一个封闭的玻璃管,内装乙醚或酒精,管内留有一定长度的气泡。在管的外壁刻有间距为 2 mm 的刻线,管的内壁成一定曲率的圆弧,不论把水平仪放到什么位置,管内液面总要保持水平,即气泡总是向高处移动,移过的格数与倾斜角 α 成正比,如图 3.9(a)所示。例如,分度值 i 为 0.02 mm/m 的水平仪,每移一个刻度,表示在 1 m 长高度变化为 0.02 mm(角度为 4″)。水平仪一般为条形和框形两种,本次实验所用水平仪为 200×200 型框式水平仪,如图 3.9(b)所示。

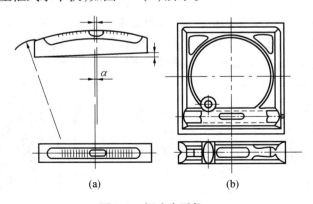

(a)　　　　　　　　　　　　(b)

图 3.9　框式水平仪

本次实验所用水平仪的工作长度为 200 mm（水平仪 200×200），则该仪器格值为

$$A = \frac{i}{1\,000} \times 200 = \frac{0.02}{1\,000} \times 200 = 0.004\ (\mu m)$$

三、实验步骤

（1）将水平仪放在导轨几个位置上观察，检查导轨面相对水平面倾斜的角度是否超出仪器的示值范围，若超出仪器的示值范围，就需对导轨面进行调整，最好调整到接近水平位置，以便减小示值误差的影响并简化数据处理。

（2）按桥板跨距 $l = 200$ mm 等分被测导轨和基准导轨为若干节距，并做记号。从导轨的一端到另一端逐节测量，分别记录测量读数值。可重复几次，取每节距读数的平均值，以提高测量精度。

（3）注意事项。

① 测量前，导轨面和水平仪工作面要擦拭干净方可使用。

② 从导轨一端到另一端逐节距测量时，应注意桥板前后重合（图 3.10）。

③ 测量时，必须待气泡静止后方可读数，否则会带来读数误差。

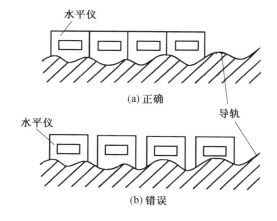

图 3.10　用框式水平仪测量导轨平行度误差

四、数据处理

下面举例说明用框式水平仪测量导轨平行度误差的数据处理方法。

（1）按图 3.11 所示分别测量被测导轨面（Ⅱ）和基准导轨面（Ⅰ），其读数列入表 3.1 中。

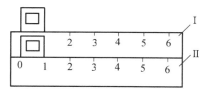

图 3.11　平行度误差测量示意图

表 3.1　平行度误差的测量数据

测点序号 i		0	1	2	3	4	5	6
基准要素（Ⅰ）	读数／格	0	−2	+4	+2	−2	+1	0
	累积／格	0	−2	+2	+4	+2	+3	+3
被测要素（Ⅱ）	读数／格	0	+5	+2	0	+3	−2	+2
	累积／格	0	+5	+7	+7	+10	+8	+10

（2）按表 3.1 中累积值作图，如图 3.12 所示。

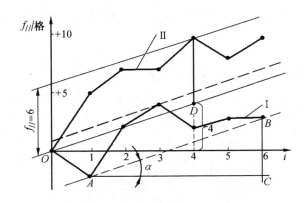

图 3.12　误差折线和平行度误差的评定

图 3.12 中，Ⅰ为基准要素的误差折线，Ⅱ为被测要素的误差折线。首先按最小包容区域确定基准方向线（图中虚线）；然后平行于基准方向线作两条包容被测要素的直线（图中细实线），取两条平行直线间的纵坐标值即为平行度误差。本例中，做辅助线，构成直角三角形 ABC，求 α 角；然后就可求出点 D 的纵坐标为 4 格，所以 $f_{/\!/}=6$ 格，换算成线值为

$$f_{/\!/}=A\times6=0.004\times6=0.024\text{（mm）}$$

五、思考题

（1）为什么要根据累积值作图？

（2）用节距法测量导轨，若导轨分成 8 段，测点应是几个？为什么？

（3）在所画误差折线图形上，为什么要按纵坐标方向取值？

实验 3.3　摆差测定仪测量跳动误差

一、实验目的

（1）掌握径向圆跳动、径向全跳动和轴向圆跳动的测量方法。

（2）理解圆跳动、全跳动的实际含义。

二、仪器简介

摆差测定仪如图 3.13 所示。摆差测定仪由底座 1、滑板 2、调整滑板手轮 3、顶尖座固定螺钉 4、顶尖固定螺钉 5、顶尖座 6、悬臂升降螺母 7、回转盘 8、提升千分表扳手 9 和千分表 10 等部分组成。

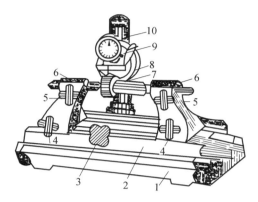

图 3.13　摆差测定仪

1—底座;2—滑板;3—调整滑板手轮;4—顶尖座固定螺钉;5—顶尖固定螺钉;6—顶尖座;7—悬臂升降螺母;8—回转盘;9—提升千分表扳手;10—千分表

三、实验步骤与数据处理

本实验的被测零件是以中心孔为基准的轴类零件,如图 3.14 所示。

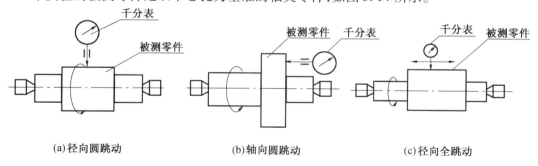

(a)径向圆跳动　　　　　　　(b)轴向圆跳动　　　　　　　(c)径向全跳动

图 3.14　跳动误差测量示意图

1. 径向圆跳动误差的测量

测量时,首先将被测零件安装在两顶尖之间,使被测零件能自由转动且没有轴向窜动。调整悬臂升降螺母 7,使千分表以一定压力接触零件径向表面后,被测零件绕其基准轴线旋转一周,若此时千分表的最大读数和最小读数分别为 a_{max} 和 a_{min},则该横截面内的径向圆跳动误差为

$$f_/ = a_{max} - a_{min}$$

相同方法测量 n 个(一般测离端面 5 mm 处的两端和中间 3 个)横截面上的径向圆跳动,选取其中最大值即为该零件的径向圆跳动误差,若 $f_/ \leqslant t_/$,则为合格。

2. 轴向圆跳动误差的测量

零件支承方法与测量径向跳动相同,只是测头通过附件(用万能量具时,千分表测头与被测零件端面直接接触)与被测零件端面接触在最大直径的位置上。被测零件绕其基准轴线旋转一周,这时千分表的最大读数和最小读数之差为该零件的轴向圆跳动误差 $f_{\nearrow}$。

若被测零件端面直径较大,可根据具体情况,在不同直径的几个位置上测量轴向圆跳动,取其中的最大值作为轴向圆跳动误差 $f_{\nearrow}$,若 $f_{\nearrow} \leqslant t_{\nearrow}$,则为合格。

3. 径向全跳动误差的测量

径向全跳动的测量方法与径向圆跳动的测量方法类似,但是在测量过程中,被测零件应连续回转,且千分表沿基准轴线方向移动(或让零件移动),则千分表的最大读数与最小读数之差即为径向全跳动 $f_{//}$,若 $f_{//} \leqslant t_{//}$,则为合格。

四、思考题

(1)径向圆跳动测量能否代替同轴度误差测量? 能否代替圆度误差测量?

(2)轴向圆跳动能否完整地反映出端面对基准轴线的垂直度误差?

实验 4　表面粗糙度轮廓的测量

实验 4.1　双管显微镜测量表面粗糙度

一、实验目的

（1）了解双管显微镜的结构及其测量原理。

（2）学会使用双管显微镜测量表面粗糙度轮廓最大高度 Rz。

（3）加深对表面粗糙度轮廓的评定参数 Rz 的理解。

二、仪器简介

　　双管显微镜（也称光切显微镜）是测量表面粗糙度的常用仪器之一，主要用于测量评定轮廓最大高度 Rz。仪器附有 4 种放大倍数各不相同的物镜，可以根据被测表面粗糙度的不同进行更换。双管显微镜适宜于测量 Rz 为 $0.8 \sim 80\ \mu m$ 的表面粗糙度轮廓。双管显微镜的主要技术指标见表 4.1。

表 4.1　双管显微镜的主要技术指标

物镜放大倍数 A	总放大倍数	视场直径/mm	测量范围 $Rz/\mu m$	目镜套筒分度值 $C/(\mu m \cdot 格^{-1})$
7×	60×	2.5	80 ~ 10	1.25
14×	120×	1.3	20 ~ 3.2	0.63
30×	260×	0.6	6.3 ~ 1.6	0.294
60×	510×	0.3	3.2 ~ 0.8	0.145

三、测量原理——光切法原理

　　双管显微镜是根据光切法原理制成的光学仪器。其测量原理如图 4.1（a）所示。仪器有两个光管，即光源管和观察管。由光源 1 发出的光线经狭缝 2 及物镜 3 以 45°的方向投射到被测工件表面，该光束如同一平面（也称光切面）与被测表面成 45°角相截，由于被测表面粗糙不平，故两者交线为一凸凹不平的轮廓线，如图 4.1（b）所示。该光线又由被测表面反射，进入与光源管主光轴相垂直的观察管中，经物镜 4 成像在分划板 5 上，再通过目镜 6 就可观察到一条放大了的凸凹不平的光带影像。由于此光带影像反映了被测表面粗糙度的状态，故可对其进行测量。这种用光平面切割被测表面而进行粗糙度测量的方法，称为光切法。

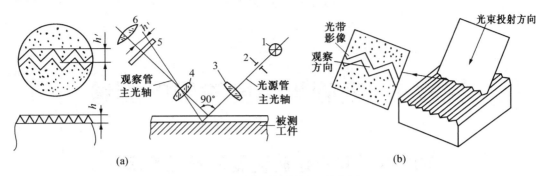

图 4.1 光切法测量原理示意图

1—光源;2—狭缝;3、4—物镜;5—分划板;6—目镜

由图 4.1(a)可知,被测表面的实际不平高度 h 与分划板上光带影像的高度 h' 有下述关系

$$h = h'\cos 45°/A$$

式中 A——物镜实际放大倍数。

光带影像高度 h' 是用目镜测微器[图 4.2(a)]来测量的。目镜测微器中有一块固定分划板和一块活动分划板。固定分划板上刻有 0~8 共 9 个数字和 9 条刻线。而活动分划板上刻有十字线及双标线,转动目镜套筒可使其移动。测量时转动目镜套筒,让十字线中的一条线[如图 4.2(b)中的水平线]先后与影像的峰、谷相切,由于十字线移动方向与光带影像高度方向成45°角,所以光带影像高度 h' 与十字线实际移动距离 h''(即 OO')有下述关系

$$h' = h''\cos 45°$$

因此,被测表面微观峰谷的高度为

$$h = \frac{h''}{A}\cos 45°\cos 45° = \frac{1}{2A}h''$$

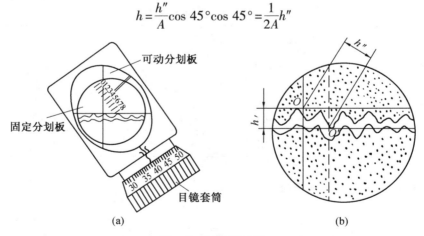

图 4.2 目镜测微器

上式中的 h'' 就是目镜测微器两次读数之差,还应确定目镜测微器的分度值是多大。由于目镜测微螺杆的螺距为 1 mm,目镜套筒上刻有 100 个格,故格值为 0.01 mm,即 10 μm,因而上式可写成 $h = \frac{1}{2A}h'' \times 10$ μm。由于测量的是放大了的影像,所以需将格值换算到被测表面的实际粗糙度的高度上,则格值就不是 10 μm,而是 $10/A$ μm。为了简化计算,将上式中的 1/2 也乘进去,则目镜套筒分度值(定度值)为

$$C = \frac{10}{2A}\ \mu m$$

所以
$$h = h'' C$$

目镜套筒分度值 C 从表4.1查出或由仪器说明书给定。由于物镜放大倍数及测微千分尺在制造和装调过程中有误差,所以新置仪器及长时间未使用的仪器,其分度值应在使用前进行检定(检定方法略)。

四、实验步骤

对照图4.3进行操作。

1. 接通电源

2. 测前调整

(1)擦净被测工件5并置于仪器工作台4上(位于两物镜正下方),使工件表面的加工痕迹与工作台纵向移动方向垂直。

(2)松开支臂锁紧螺钉10,缓缓转动粗调螺母11,使支臂9带动观察管6和光源管12慢慢下降(注意:切勿使物镜撞到工件表面上),注视工件被测表面,直到其上出现一条狭窄的绿色光带后,再将支臂锁紧螺钉10锁紧。

(3)松开螺钉2,转动工作台4,使光带与工件被测表面的加工痕迹相垂直。

(4)用外部光源照亮被测工件表

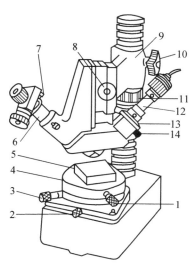

图4.3　双管显微镜
1—工作台纵向移动千分尺;2—螺钉;3—工作台横向移动千分尺;4—工作台;5—工件;6—观察管;7—锁紧螺钉;8—精调手轮;9—支臂;10—支臂锁紧螺钉;11—粗调螺母;12—光源管;13—物镜调节环;14—调节螺钉

面,缓缓转动精调手轮8,使目镜视场中呈现出一条清晰的金属表面像,并使之移到视场中央,然后关闭外部光源。

(5)观察目镜视场并转动调节螺钉14,使光源管12摆动至视场中央出现绿色光带时为止。

(6)转动物镜调节环13,使绿色光带变得最窄,并使光带的一个边缘十分清晰。

(7)松开锁紧螺钉7,转动目镜测微器,使十字线的一条线平行于光带的轮廓中线(图4.2),中线方向是估计的,然后拧紧锁紧螺钉7。

3. 进行测量

首先应学会读数方法,如图4.2所示,先由视场内双标线所处位置确定读数,然后读取目镜套筒上指示的格数,并取两者读数之和。由于目镜套筒每转过一周(100个格),视场内双标线移动一个格,若以目镜套筒上的"格"作为读数单位,则图4.2的读数就是339格(视场内读数为300格,目镜套筒读数为39格)。

(1)求轮廓最大高度 Rz。

按取样长度 lr 范围内使十字线中的水平线分别与轮廓峰高中的最大轮廓峰高(轮廓

峰中的最高点)和轮廓谷深中的最大轮廓谷深(轮廓谷中的最低点)相切,如图4.4所示。从目镜套筒上分别测出轮廓上最高点至测量基准线 A 的距离 h_{pmax} 和最低点至 A 的距离 h_{vmin}。表面粗糙度轮廓的最大高度 Rz 按下式计算

$$Rz = R_z' \times C = (h_{pmax} - h_{vmin})C$$

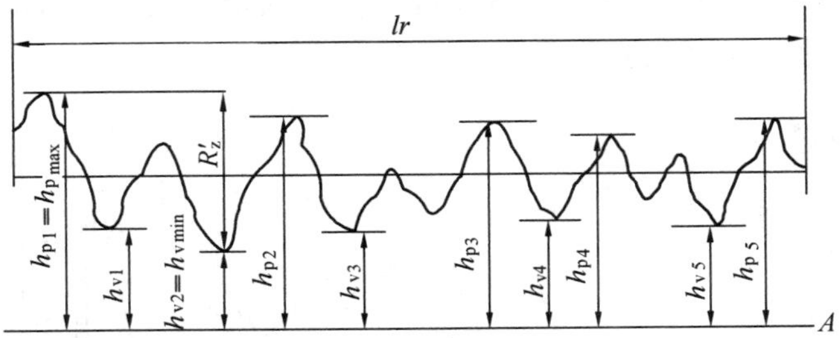

图4.4　在 lr 内轮廓的高点和低点分别至测量基准线的距离

(2)合格性判定。

①按"最大规则"评定。按上述方法连续测出5个取样长度上的 Rz 值,若这5个 Rz 值都在图样上所要求允许的极值范围内,则判定为合格。如果其中有1个 Rz 值超差,则判定为不合格。

②按"16%规则"判定。若连续测出5个取样长度上的 Rz 值都在上、下限允许值范围内,则判定为合格,如果有1个 Rz 值超差,则应再测1个取样长度上的 Rz 值,若这个 Rz 值不超差,就判定为合格,如果这个 Rz 值仍超差,则判定为不合格。

4.示例

用双管显微镜测量其一外圆柱面的粗糙度轮廓最大高度 Rz。若选用放大倍数为30倍的一对物镜,则相应的目镜套筒分度值由表4.1得 $C = 0.294$ μm/格。取样长度 $lr = 0.8$ mm。在连续5个取样长度上测量所得的数据及其处理结果见表4.2。

表4.2　用双管显微镜测量 Rz 值的数据

取样长度 lr_i	lr_1		lr_2		lr_3		lr_4		lr_5	
h_{pi} 和 h_{vi}	h_{p1}	h_{v1}	h_{p2}	h_{v2}	h_{p3}	h_{v3}	h_{p4}	h_{v4}	h_{p5}	h_{v5}
测量数值/格	89	40	88	51	90	55	88	53	91	54
数据处理	$Rz_1 = C \cdot (h_{p1} - h_{v1}) = 0.294(89-40) = 14.4$ (μm) $Rz_2 = C \cdot (h_{p2} - h_{v2}) = 0.294(88-51) = 10.9$ (μm) $Rz_3 = C \cdot (h_{p3} - h_{v3}) = 0.294(90-55) = 10.3$ (μm) $Rz_4 = C \cdot (h_{p4} - h_{v4}) = 0.294(88-53) = 10.3$ (μm) $Rz_5 = C \cdot (h_{p5} - h_{v5}) = 0.294(91-54) = 10.9$ (μm)									
测量结果	在 $ln = 5lr$ 内,最大实测值为 $Rz_1 = 14.4$ μm,最小实测值为 $Rz_3 = Rz_4 = 10.3$ μm									

注: h_{pi}、h_{vi} 分别为第 i 个取样长度的轮廓最高点、最低点至测量基准线的距离代号。

五、思考题

(1)何谓取样长度 lr？测量时是如何确定的？

(2)测量时应如何估计中线的方向？

(3)为什么只测量光带一边的最高点(峰)和最低点(谷)？

(4)用双管显微镜能否测量被测表面粗糙度轮廓的算术平均偏差 Ra 值？若能测量应如何测量？

实验4.2　干涉显微镜测量表面粗糙度

一、实验目的

(1)了解干涉显微镜的结构并熟悉其使用方法。

(2)了解用干涉法测量表面粗糙度的原理。

二、仪器简介

干涉显微镜是利用光波干涉原理和显微系统测量表面粗糙度的测量仪器。它用光波干涉原理反映出被测表面的粗糙程度,用显微系统进行高倍放大后观察和测量。这种测量仪器用于测量轮廓最大高度 Rz 值。本实验使用 6JA 型干涉显微镜进行测量,其主要技术指标见表4.3。

表4.3　6JA 型干涉显微镜主要技术指标

仪器总放大倍数	视场直径 D/mm	物镜工作距离 $/\text{mm}$	测量范围 $Rz/\mu\text{m}$	绿色光波长 $\lambda_{绿}/\mu\text{m}$	白色光波长 $\lambda_{白}/\mu\text{m}$
500×	0.25	0.5	1~0.03	0.53	0.6

三、测量原理

图4.5 为 6JA 型干涉显微镜的光学系统图。由光源 1 发出的光束,经聚光镜 2 和反射镜 3,投射到孔径光阑 4 的平面上,照明视场光阑 5,通过聚光镜 6,经分光镜 7 分成两束光。其中一束光经补偿镜 8、物镜 9 投射到被测工件 10 的表面上,再经原光路返回。另一束光由分光镜 7 反射(此时遮光板 11 移出),经物镜 12 投射到标准镜 13,再经原光路返回。两路返回的光束在目镜 14 的焦平面相遇叠加,由于它们有光程差,便产生干涉,形成干涉条纹。被测表面的微观峰谷使干涉条纹弯曲(图4.6),弯曲程度取决于微观峰谷的大小。根据光波干涉原理,在光程差每相差半个波长 $\lambda/2$ 处即产生一个干涉条纹。因此,如图4.7 所示,只要测出干涉条纹的弯曲量 a 与两相邻干涉条纹之间的距离 b(它代表这两个干涉条纹间距相差 $\lambda/2$),便可按下式计算出被测表面微观峰谷的高度为

$$h = \frac{a}{b} \cdot \frac{\lambda}{2}$$

式中　λ——光波波长。

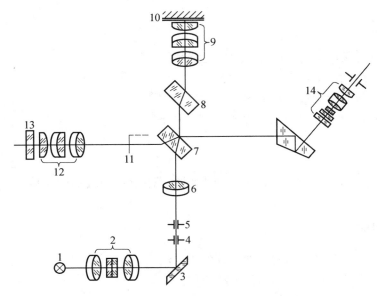

图 4.5　6JA 型干涉显微镜的光学系统图

1—光源；2、6—聚光镜；3—反射镜；4—孔径光阑；5—视场光阑；7—分光镜；8—补偿镜；9、12—物镜；10—被测工件；11—遮光板；13—标准镜；14—目镜

图4.6　干涉条纹

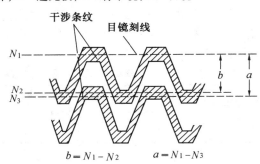

图4.7　测量干涉条纹的弯曲量 a 和间距 b

$$b = N_1 - N_2 \qquad a = N_1 - N_3$$

四、实验步骤

对照图4.8进行操作。

1. 调整测量仪器

（1）接通电源，使光源 7 照亮，预热 15～30 min。

（2）转动手轮 3 至目视位置（不用相机 17 的位置）。转动手轮 15（在显微镜背面）使遮光板（图4.5 中的序号 11）移出光路，此时从目镜 1 中可看到明亮的视场。若视场亮度不均匀，可转动螺钉 6 来调节。

（3）转动手轮 9，使视场中下方的弓形直边清晰（图4.9）。松开螺钉 16，取下目镜 1，从目镜管直接观察到两个灯丝像。转动手轮 4，使孔径光阑（图4.5 中的序号 4）开至最大。转动手轮 8，使两个灯丝像完全重合，并旋转螺钉 6，使灯丝像位于孔径光阑的中央（图4.10）。最后，装上目镜 1，旋紧螺钉 16。

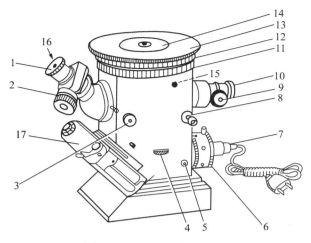

图4.8　6JA型干涉显微镜

1—目镜;2—微测鼓轮;3、4、8、9、10、15—手轮;5—手柄;6、16—螺钉;
7—光源;11、12、13—滚花轮;14—工作台;17—相机

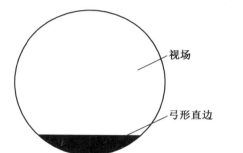

图4.9　弓形直边图

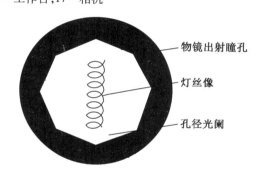

图4.10　灯丝像图

(4)将被测工件放在工作台14上,被测表面向下对准物镜。转动手轮15使遮光板遮住标准镜(图4.5中的序号13)。推动滚花轮13,使工作台在任意方向移动。转动滚花轮11,使工作台升降,直至视场中观察到清晰的被测表面影像为止。再转动手轮15,使遮光板移出光路。

2. 找干涉带

将手柄5向左推到底,此时采用单色光。慢慢地来回转动手轮10,直至视场中出现清晰的干涉条纹为止。将手柄5向右推到底,就可以采用白光,得到彩色干涉条纹。转动手轮8并配合转动手轮9和滚花轮11,可以得到所需亮度和宽度的干涉条纹。

进行精密测量时,应该采用单色光,且应开灯半小时,待测量仪器温度恒定后才进行测量。

3. 测量

(1)转动滚花轮12,使工作台14旋转,调节干涉条纹的方向,使之垂直于加工痕迹。松开螺钉16,转动目镜1,使视场中十字线的一条直线与干涉条纹平行,然后把目镜1固紧。

(2)测量干涉条纹间距b。转动测微鼓轮2,使视场中与干涉条纹方向平行的十字线中的一条直线对准某条干涉条纹峰顶的中心线(图4.7),在测微鼓轮2上读出示值 N_1,再以此直线对准另一条(任意或相邻的)干涉条纹峰顶的中心线,读出示值 N_2。设所测干涉条纹间隔数目为 n(最好取 $n \geq 3$),则 $b = (N_1 - N_2)/n$。为了提高测量精度,应分别测量3次,得到 b_1、b_2、b_3,取它们的平均值 b_{av},则

$$b_{av} = \frac{b_1 + b_2 + b_3}{3}$$

(3)测量干涉条纹最高峰尖与最低谷底之间的距离 a_{max}。读出 N_1 后(图4.7),移动视场中十字线的水平线,对准同一条干涉条纹谷底的中心线,读出 N_3,($N_1 - N_3$)即为干涉条纹弯曲量 a。

在一个取样长度 lr 内,找出同一条干涉条纹所有的峰中最高的那个峰尖和所有的谷中最低的那个谷底,分别测量出它们对应的示值 N_1 和 N_3,两者之差值即为 a_{max}。被测表面粗糙度轮廓最大高度 Rz 值按下式计算

$$Rz = \frac{a_{max}}{b_{av}} \cdot \frac{\lambda}{2}$$

式中,光的波长 λ 可由仪器说明书中给定的数值取值。

按上述方法连续测出5个取样长度上的 Rz 值后,按《产品几何技术规范(GPS)表面结构　轮廓法　评定表面结构的规则和方法》(GB/T 10610—2009)的规定判断其测量结果。

五、思考题

(1)使用干涉显微镜测量表面粗糙度,是以光波为尺子来计量被测表面上微观峰谷的高度差,此说法是否正确?

(2)使用干涉显微镜测量表面粗糙度时,分度值如何体现?

(3)调整干涉条纹的间距 b 对 Rz 值有无影响?

实验4.3　电动轮廓仪测量表面粗糙度

一、实验目的

(1)了解电动轮廓仪的结构并熟悉其使用方法。

(2)熟悉针描法测量表面粗糙度的原理。

(3)加深对表面粗糙度的评定参数中的轮廓算术平均偏差 Ra 和轮廓最大高度 Rz 的理解。

二、仪器简介

电动轮廓仪是电感式测量仪器,用来测量平面、外圆柱面和 $\phi6$ mm 以上内孔的表面粗糙度,以及用于测量 $0.025 \sim 6.3$ μm 的轮廓算术平均偏差 Ra 值。

三、测量原理

图 4.11 为 BCJ-2 型电动轮廓仪测量原理图。传感器测杆上装有金刚石触针,其针尖与被测工件的表面接触。当传感器在驱动箱的拖动下,沿被测工件的表面匀速移动时,被测工件的表面轮廓上的峰谷起伏使金刚石触针上下移动,这一微量移动使传感器内电感线圈的电感量发生变化。经过一系列的电子线路,就可以由平均表(Ra 值指示表)读出被测工件的表面轮廓的算术平均偏差 Ra 值,也可以根据从记录器得到的被测工件的表面记录图形加以数学计算,来获得该表面轮廓的算术平均偏差 Ra 值和轮廓最大高度 Rz 值。

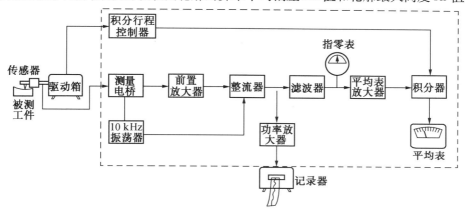

图 4.11　BCJ-2 型电动轮廓仪测量原理图

四、实验步骤

对照图 4.12 进行操作。

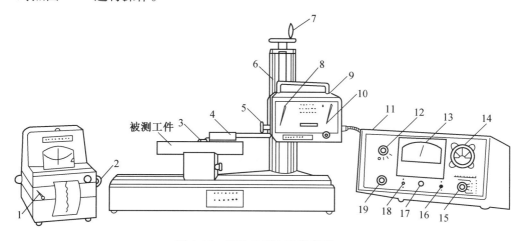

图 4.12　BCJ-2 型电动轮廓仪

1—记录器开关;2、10—变速手柄;3—触针;4—传感器;5—锁紧螺钉;6—立柱;7—手轮;8—启动手柄;9—驱动箱;11—电器箱;12、15—旋钮;13—平均表;14—指零表;16—电源开关;17—指示灯;18—选择开关;19—调零旋钮

1. 准备工作

将驱动箱9可靠地安装在立柱6的横臂上。把传感器4插入驱动箱并锁紧。把驱动箱上的启动手柄8转到左边"返回"位置。打开电源开关16,指示灯17点亮,把测量仪器预热10 min左右。

2. 读表方式测量

(1)将电器箱11上测量方式的选择开关18拨到"读表"位置,把驱动箱9上的变速手柄10转到"Ⅱ"位置。

(2)粗略估计被测表面粗糙度参数 Ra 值的范围,按表4.4的规定,转动电器箱11上的旋钮12和15,选择垂直放大倍数和取样长度。

表4.4　垂直放大倍数和取样长度选择表

被测工件表面的表面粗糙度参数 $Ra/\mu m$	用平均表读数时各参数的选择			用记录器记录图形时垂直放大倍数 M_y 的选择
	垂直放大倍数 M_y	取样长度 lr/mm	有效行程 L/mm	
0.025	100 000	0.25	2	20 000 ~ 100 000
0.050	50 000	0.25	2	10 000 ~ 50 000
0.10	20 000 ~ 50 000	0.25	2	10 000 ~ 50 000
0.20	10 000 ~ 20 000	0.25	2	5 000 ~ 20 000
0.40	5 000 ~ 10 000	0.8	4	2 000 ~ 10 000
0.80	2 000 ~ 5 000	0.8	4	2 000 ~ 5 000
1.60	1 000 ~ 2 000	0.8	4	500 ~ 2 000
3.2	500 ~ 1 000	2.5	7	500 ~ 1 000
6.3	500	2.5	7	500 ~ 1 000

(3)松开锁紧螺钉5,转动手轮7,移动驱动箱9,使传感器4上的导头和触针3接触被测工件表面,直至指零表14的指针处于该表刻度盘上两条红带之间,然后旋紧锁紧螺钉5。

(4)将启动手柄8转到右边"启动"位置,使传感器4在被测工件表面移动,平均表13(Ra 值指示表)的指针开始转动,最后停在某一位置上,则此处的示值即为被测工件表面的 Ra 值。将启动手柄8转回到左边,准备下一次测量。

(5)校核垂直放大倍数和取样长度。根据表4.4,若测得的 Ra 值所对应的放大倍数和取样长度与事先选择的不符,则需重新选择放大倍数和取样长度进行测量。

3. 记录方式测量

(1)将测量方式的选择开关18拨到"记录"位置,把变速手柄10转到"Ⅰ"位置。把电器箱11上的旋钮15转到有效行程长度为40 mm的位置。

(2)根据粗略估计的被测工件表面的表面粗糙度参数 Ra 值范围,查表4.4,用旋钮12选择垂直放大倍数 M_y。用记录器上的变速手柄2选择水平放大倍数 M_x(即排纸速度),这时要考虑便于按测量所得的记录图形进行计算。当计算 Ra 值时该图形应较疏,当计算 Rz 值时该图形应较密。

（3）利用手轮 7 移动驱动箱 9，使传感器 4 上的导头和触针 3 与被测工件表面接触，直至记录笔尖大致位于记录纸中间位置，然后用电器箱 11 上的调零旋钮 19 调整记录笔，使它处于理想位置。打开记录器开关 1，将启动手柄 8 转到右边"启动"位置，即开始测量。触针 3 运动，则记录笔画图。

（4）若需停止记录，则将记录器开关 1 关闭。若需传感器停止工作，则把启动手柄 8 转回到左边。

五、记录图形的数学处理

1. 轮廓算术平均偏差 Ra 值的计算

如图 4.13 所示，在记录纸的 x 方向（水平方向）将记录图形按取样长度 lr 和水平放大倍数 M_x 分段，即在记录纸上截取 $lr_1 = lr_2 = lr_3 = lr_4 = M_x lr$。在每个 $M_x lr$ 范围内，根据记录图形所示轮廓走向目估中线方向，确定计算时的参考轴 OO'，如图 4.14 所示。按照一个峰与相邻的一个谷的间隔内至少包含 5 个点的评定要求，将 Ox 轴等分为 n 段，然后相应等分 OO' 轴，量取从 OO' 轴至记录图形上各点的垂直距离 $h_i(\text{mm})$。计算各个 h_i 的平均值 a 为

$$a = \frac{1}{n} \sum_{i=1}^{n} h_i \text{ mm}$$

再按平均值 a 作平行于 OO' 轴的中线 $m\text{-}m'$。因此，记录轮廓上各点至中线 $m\text{-}m'$ 的距离 $y_i = h_i - a$。被测表面的 Ra 值按下式计算：

$$Ra = \frac{1\,000 \sum\limits_{i=1}^{n} |y_i|}{M_y \cdot n} \text{ mm}$$

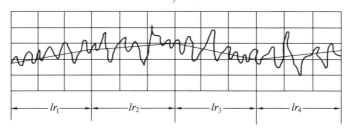

图 4.13　记录图形分段

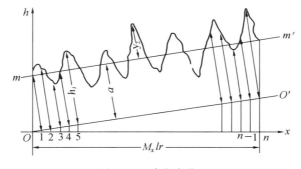

图 4.14　确定中线

2. 轮廓最大高度 Rz 值的计算

如图 4.15 所示,按上述方法,确定参考轴 OO' 后,在记录图形上读取最高峰顶至参考轴 OO' 的最大距离 h_{max} 和最低谷底至 OO' 的最小距离 h_{min}。被测表面的 Rz 值按下式计算:

$$Rz = 1\ 000(h_{max} - h_{min})/M_y\ \mu m$$

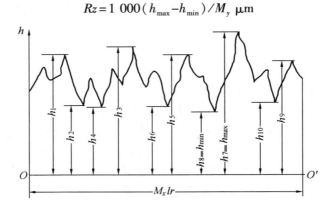

图 4.15　选取最高点和最低点

六、思考题

（1）评定表面粗糙度时表面轮廓的幅度特征参数有哪两个?

（2）简述光切法、干涉法和针描法这三种测量表面粗糙度方法的特点。

实验 5 　 圆柱螺纹测量

实验 5.1 　 在大型工具显微镜上测量螺纹量规

一、实验目的

（1）了解大型工具显微镜的工作原理和使用方法。
（2）学会检定螺纹量规的方法和判断螺纹量规的合格性。

二、实验内容

用大型工具显微镜测量螺纹量规的中径、螺距和牙侧角。

三、仪器简介

大型工具显微镜（简称大工显），用于测量扁平工件的长度、光滑圆柱的直径、样板的形状、冲模和凸轮的形状、螺纹量规、螺纹刀具、齿轮、刀具、孔距及坐标值等。

如图 5.1 所示，大型工具显微镜主要由目镜 1、角度读数目镜光源 2、微镜筒 3、顶尖座 4、圆工作台 5、横向千分尺 6、底座 7、圆工作台转动手轮 8、调整量块 9、纵向千分尺 10、立柱倾斜手轮 11、支座 12、立柱 13、悬臂 14、锁紧螺钉 15 和升降手轮 16 等部分组成。转动

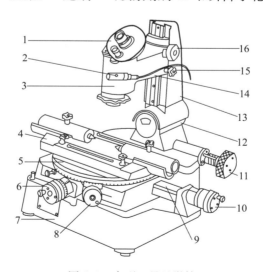

图 5.1 　 大型工具显微镜

1—目镜；2—角度读数目镜光源；3—微镜筒；4—顶尖座；5—圆工作台；6—横向千分尺；
7—底座；8—圆工作台转动手轮；9—调整量块；10—纵向千分尺；11—立柱倾斜手轮；
12—支座；13—立柱；14—悬臂；15—锁紧螺钉；16—升降手轮

立柱倾斜手轮 11 可使立柱 13 绕支座 12 左右摆动,转动横向千分尺 6 和纵向千分尺 10 可使工作台横、纵向移动,转动圆工作台转动手轮 8 可使圆工作台 5 绕轴心线旋转。

图 5.2 为大型工具显微镜光学系统图,大型工具显微镜的主要技术指标见表 5.1。

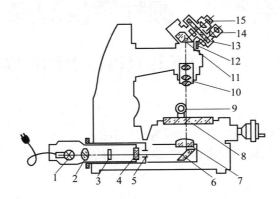

图 5.2　大型工具显微镜光学系统图

1—主光源;2—聚光镜;3—滤色片;4—透镜;5—光阑;6、12—反射镜;7—透镜;8—玻璃工作台;9—被测工件;10—物镜;11—反射棱镜;13—焦平面;14—角度读数目镜;15—目镜;16—升降手轮

表 5.1　大型工具显微镜的主要技术指标

	纵向行程	0 ~ 150 mm
测量范围	横向行程	0 ~ 50 mm
	立柱倾斜范围	≈±12°
示值范围	测角目镜的角度	0 ~ 360°
	圆工作台的角度	0 ~ 360°
	纵横向千分尺	0.01 mm
分 度 值	测角目镜的角度	1′
	圆工作台的角度	3′
	立柱倾斜的角度	10′

四、测量原理

在大型工具显微镜上用影像法测量螺纹量规中径、螺距和牙侧角的测量原理如下:

如图 5.2 所示,由主光源 1 发出的光经聚光镜 2、滤色片 3、透镜 4、光阑 5、反射镜 6、透镜 7 和玻璃工作台 8,将被测工件 9 的轮廓经物镜 10、反射棱镜 11 投射到目镜 15 的焦平面 13 上,从而在目镜 15 中观察到放大的轮廓影像。另外,也可用反射光源(需要反射照明灯)照亮被测工件 9,工件表面上的反射光线,经物镜 10、反射棱镜 11 投射到目镜 15 的焦平面 13 上,同样在目镜 15 中可以观察到放大的轮廓影像。通过反射棱镜 12,把角度读数目镜 14 的光源产生的光,反射照亮角度固定游标,其角度数值可通过角度读数目镜 14 读出。

图5.3所示为大型工具显微镜目镜,其中图5.3(a)为目镜外形图,它由玻璃分划板、中央目镜、角度读数目镜、反光镜和米字线旋转手轮等组成。目镜的工作原理如图5.3(b)所示,从中央目镜可以观察到被测工件的轮廓影像和玻璃分划板的米字刻线,如图5.3(c)所示。从角度读数目镜中可以观察到玻璃分划板上0°～360°的度值刻线和角度固定游标分划板上0′～60′的分值刻线,如图5.3(d)所示。转动米字线旋转手轮,可使刻有米字刻线和度值刻线的玻璃分划板转动,它转过的角度,可从角度读数目镜中读出。当角度读数目镜中固定游标的零刻线与度值刻线的零位对准时,则米字刻线中间的虚线 A—A 正好垂直于仪器工作台的纵向移动方向。

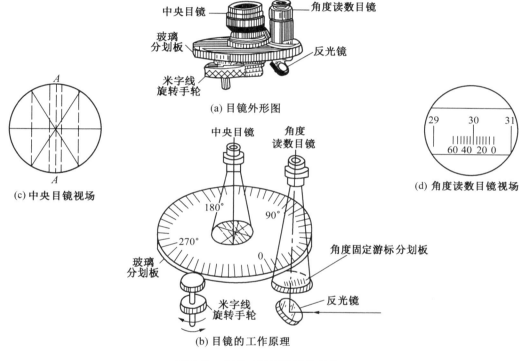

(a) 目镜外形图

(c) 中央目镜视场

(d) 角度读数目镜视场

(b) 目镜的工作原理

图5.3 大型工具显微镜的目镜

五、实验步骤

(1)参照图5.1,擦净仪器及被测螺纹,将工件小心地安装在两顶尖之间,拧紧顶尖的固紧螺钉(要当心工件掉下砸坏玻璃工作台)。同时,检查工作台圆周刻度是否对准零位。

(2)接通电源。

(3)用调焦筒(仪器专用附件)调节主光源1(图5.2),旋转主光源外罩上的3个调节螺钉,直至灯丝位于光轴中央且成像清晰,则表示灯丝已位于光轴上并在聚光镜2(图5.2)的焦点上。

（4）根据被测螺纹量规的中径，从大型工具显微镜使用说明书中，选择对应的光阑直径，并调整好光阑。

（5）为了使轮廓影像清晰，旋转立柱倾斜手轮 11（图 5.1），按被测螺纹的螺纹升角 φ 调整立柱 13（图 5.1）的倾斜度。在测量过程中，当螺纹影像的方向改变时，立柱的倾斜方向也应随之改变。螺纹升角 φ 由表 5.2 查取或按下式计算

$$\tan \varphi = \frac{np}{\pi d_2}$$

式中　n——螺纹头数；

　　　p——螺距，mm；

　　　d_2——螺纹中径理论值，mm。

表 5.2　螺纹升角 $\varphi(\alpha = 60°$，单线)

螺纹大径 d/mm	10	12	14	16	18	20	22	24	27	30	36
螺距 p/mm	1.5	1.75	2	2	2.5	2.5	2.5	3	3	3.5	4
螺纹升角 φ	3°01′	2°56′	2°52′	2°29′	2°47′	2°27′	2°13′	2°27′	2°10′	2°17′	2°10′

（6）调整目镜 15 和角度读数目镜 14 上的调节环（图 5.2），使米字刻线和度值刻线、分值刻线清晰。松开锁紧螺钉 15（图 5.1），旋转升降手柄 16（图 5.1），调整仪器的焦距，使被测轮廓影像清晰（若要求严格，可用专用的调焦棒在两顶尖中心线的水平面内调焦）。然后，旋紧锁紧螺钉 15（图 5.1）。

（7）测量方法与计算。

① 测量中径与中径偏差计算：测量时，转动横向千分尺 6（图 5.1）、纵向千分尺 10（图 5.1）和米字线旋转手轮[图 5.3（b）]，使中央目镜中的 A—A 虚线与螺纹投影牙形的一侧重合，记下横向千分尺 6（图 5.1）的第一次读数。然后，将显微镜立柱反向转一个螺纹升角 φ，转动横向千分尺 6（图 5.1），使 A—A 虚线与对面牙形轮廓重合，记下第二次读数，两数之差即为螺纹的实际中径。同样为了消除被测螺纹的安装误差的影响，需测出 $d_{2左}$ 和 $d_{2右}$，取两者平均值作为实际中径，如图 5.4 所示。

$$d_{2实} = \frac{d_{2左} + d_{2右}}{2}$$

中径偏差为

$$\Delta d_2 = d_{2实} - d_2$$

② 测量牙侧角与牙侧角偏差计算：螺纹牙侧角（β_1 和 β_2）是指在螺纹牙形上，牙侧边与螺纹轴线垂线间的夹角。

测量时，转动横向千分尺 6（图 5.1）、纵向千分尺 10（图 5.1）和米字线旋转手轮[图 5.3（b）]，使中央目镜中的 A—A 虚线与螺纹投影牙形的某一侧面重合，如图 5.5 所示。此时，角度读数目镜中显示的读数，即为该牙侧角数值。

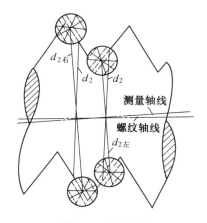

图 5.4　测量中径

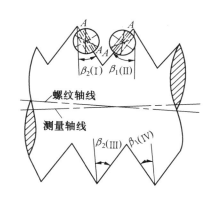

图 5.5　测量牙侧角

在角度读数目镜中,当角度读数为 $0°0'$ 时,则表示 A—A 线垂直于工作台纵向轴线,如图 5.6(a)所示。当 A—A 虚线与被测螺纹牙形边瞄准[图 5.6(b)]时,该牙侧角数值为

$$\beta_2(\text{I}) = 360° - 330°2' = 29°58'$$

同理,当 A—A 虚线与被测螺纹牙形另一边对准[图 5.6(c)]时,则另一牙侧角的数值为

$$\beta_1(\text{II}) = 30°6'$$

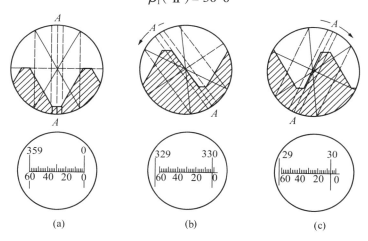

图 5.6　角度读数目镜中的示值

同样,为了消除被测螺纹的安装误差的影响,需分别测出 $\beta_2(\text{I})$、$\beta_1(\text{II})$、$\beta_2(\text{III})$、$\beta_1(\text{IV})$,并按下述方式处理。

$$\beta_2 = \frac{\beta_2(\text{I}) + \beta_2(\text{III})}{2}$$

$$\beta_1 = \frac{\beta_1(\text{II}) + \beta_1(\text{IV})}{2}$$

将它们与牙侧角公称值 $\frac{\alpha}{2}$(30°)比较,则得牙侧角偏差为

$$\Delta\beta_1 = \beta_1 - \frac{\alpha}{2} = \beta_1 - 30°$$

$$\Delta\beta_2 = \beta_2 - \frac{\alpha}{2} = \beta_2 - 30°$$

③ 螺距测量与螺距累积偏差计算:螺距 p 是指相邻两牙在中径线上对应两点间的轴向距离。

测量时,转动横向千分尺 6(图 5.1)和米字线旋转手轮[图 5.3(b)],使中央目镜中的 A—A 虚线与螺纹投影牙形的一侧重合,记下纵向千分尺 10(图 5.1)第一次读数。然后,转动纵向千分尺 10(图 5.1),使牙形纵向移动 n 个螺距的长度,使同侧牙形与目镜中的 A—A 虚线重合,记下纵向千分尺 10(图 5.1)第二次读数。两次读数之差,即为 n 个螺距的实际长度($np_{实}$)(图 5.7)。

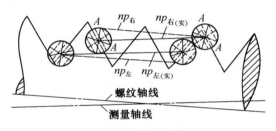

图 5.7　测量螺距

由于被测螺纹轴线与仪器工作台移动方向可能不一致,为了消除这种被测螺纹安装误差的影响,同样要测量出 $np_{左}$ 和 $np_{右}$,取它们的平均值作为螺纹 n 个螺距的实际尺寸,即

$$np_{实} = \frac{1}{2}(np_{左} + np_{右})$$

n 个螺距的累积偏差为

$$\Delta p_{\Sigma} = np_{实} - np$$

(8)判断被测螺纹量规的合格性条件。

对中径 d_2:

$$d_{2min} \leqslant d_{2a} \leqslant d_{2max}$$

或

$$ei_2 \leqslant \Delta d_2 \leqslant es_2$$

对左、右牙侧角 β_1 和 β_2:

$$-T\beta_1 \leqslant \Delta\beta_{1a} \leqslant +T\beta_1$$

和

$$-T\beta_2 \leqslant \Delta\beta_{2a} \leqslant +T\beta_2$$

对螺距(适用于螺纹量规螺纹长度内的任意牙数)

$$|\Delta p| \leqslant T_p$$

式中　　es_2 和 ei_2——螺纹量规中径的上极限偏差和下极限偏差;

　　　　　$T\beta_1$ 和 $T\beta_2$——螺纹量规左、右牙侧角极限偏差;

T_p——螺纹量规的螺距公差。

六、思考题

（1）用影像法测量螺纹时,立柱为什么要倾斜一个螺纹升角 φ?
（2）用工具显微镜测量外螺纹的主要参数时,为什么测量结果要取平均值?

实验5.2　外螺纹单一中径测量

一、实验目的

（1）熟悉用螺纹千分尺和三针法测量外螺纹单一中径的原理及方法。
（2）了解杠杆千分尺的结构,熟悉其使用方法。

二、实验内容

（1）用螺纹千分尺测量外螺纹单一中径。
（2）用三针法测量外螺纹单一中径。

三、测量原理及计量器具说明

1. 用螺纹千分尺测量外螺纹单一中径

图 5.8 所示为螺纹千分尺。它的构造与外径千分尺相似,只是在测微螺杆端部和测量砧上分别安装了可以更换的锥形测头 1 和对应的 V 形槽测头 2,用它来直接测量外螺纹的单一中径。螺纹千分尺的分度值为 0.01 mm。测量前,用尺寸样板 3 来调整零位。每对测量头只能测量一定螺距范围内的螺纹,使用时,需根据被测螺纹的螺距大小,按螺纹千分尺附表来选择。螺纹千分尺的读数方法与普通千分尺相同,测量时由螺纹千分尺直接读出螺纹中径的实际尺寸。

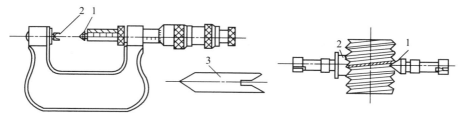

图 5.8　螺纹千分尺
1—锥形测头；2—V 形槽测头；3—尺寸样板

2. 用三针法测量外螺纹单一中径

图 5.9 所示为用三针法测量外螺纹单一中径的原理图,这是一种间接测量外螺纹单一中径的方法。测量时,将三根精度很高、直径相同的量针放在被测螺纹的牙凹中,用测量外尺寸的计量器具如千分尺、机械比较仪、光较仪和测长仪等测量出尺寸 M。再根据被

测螺纹的螺距、牙形半角 $\frac{\alpha}{2}$ 和量针直径 d_{m} 计算出外螺纹单一中径 d_{2a}。由图 5.9 可得

$$d_{2a} = M - 2AC = M - 2(AD - CD)$$

而

$$AD = AB + BD = \frac{d_{\mathrm{m}}}{2} + \frac{d_{\mathrm{m}}}{2\sin\frac{\alpha}{2}} = \frac{d_{\mathrm{m}}}{2}\left(1 + \frac{1}{\sin\frac{\alpha}{2}}\right)$$

$$CD = \frac{p\cot\frac{\alpha}{2}}{4}$$

将 AD、CD 值代入上式,得

$$d_{2a} = M - d_{\mathrm{m}}\left(1 + \frac{1}{\sin\frac{\alpha}{2}}\right) + \frac{p}{2}\cot\frac{\alpha}{2}$$

对于公制螺纹,$\alpha = 60°$,则

$$d_{2a} = M - 3d_{\mathrm{m}} + 0.866p$$

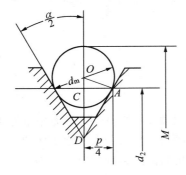

图 5.9　用三针法测量外螺纹单一中径的原理图

为了减少螺纹牙侧角偏差对测量结果的影响,应选择合适的量针直径,该量针与螺纹牙形的切点恰好位于螺纹中径处。此时所选择的量针直径 d_{m} 为最佳量针直径。由图 5.10可知

$$d_{\mathrm{m}} = \frac{p}{2\cos\frac{\alpha}{2}}$$

对公制螺纹,$\alpha = 60°$,则

$$d_{\mathrm{m}} = 0.577p$$

在实际工作中,如果成套的三针中没有所需的最佳量针直径,可选择与最佳量针直径相近的三针来测量。

量针的精度分成 0 级和 1 级两种:0 级用于测量中径公差为 4 ~ 8 μm 的螺纹塞规;1 级用于测量中径公差大于 8 μm 的螺纹塞规或螺纹工件。

量针结构形式有两种,如图 5.11 所示。

图 5.10　量针最佳直径 d_{m}　　　　　　　图 5.11　量针结构形式

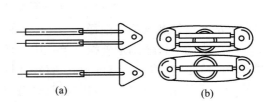

(a)　　　　　　(b)

测量 M 值所用的计量器具的种类很多,通常根据工件的精度要求来选择。本实验采用杠杆千分尺来测量,如图 5.12 所示。

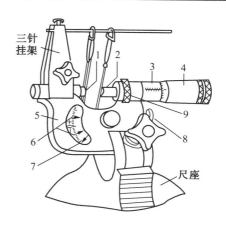

图 5.12　杠杆千分尺
1—固定量砧;2—活动量砧;3—刻度套管;
4—微分筒;5—尺体;6—指针;7—指示表;
8—按钮;9—紧锁环

杠杆千分尺的测量范围有 0 ~ 25 mm、25 ~ 50 mm、50 ~ 75 mm、75 ~ 100 mm 四种。分度值为 0.002 mm。它有一个活动量砧 2,其移动量由指示表 7 读出。测量前将尺体 5 装在尺座上,然后校对千分尺的零位,使刻度套管 3、微分筒 4 和指示表 7 的示值都分别对准零位。测量时,当被测螺纹放入或退出固定量砧 1 和活动量砧 2 之间时,必须按下量砧开启的按钮 8 使量砧离开,以减少量砧的磨损。锁紧环 9 用来锁紧活动量砧 2。在指示表 7 上装有两个指针 6,用来确定被测螺纹中径上、下偏差的位置,以提高测量效率。

四、实验步骤

1. 用螺纹千分尺测量外螺纹单一中径

(1)根据被测螺纹的螺距选取一对测量头。

(2)擦净仪器和被测螺纹,校正螺纹千分尺零位。

(3)将被测外螺纹放入锥形测头 1 和 V 形槽测头 2 之间(图 5.8),找正中径部位。

(4)分别在同一截面相互垂直的两个方向上测量外螺纹单一中径,取它们的平均值作为螺纹的实际中径,然后判断被测外螺纹中径的合格性。

2. 用三针法测量外螺纹单一中径

(1)根据被测外螺纹的螺距,计算并选择最佳量针直径 d_m。

(2)在尺座上安装好杠杆千分尺和三针(图 5.12)。

(3)擦净仪器和被测螺纹,校正仪器零位。

(4)将三针放入螺纹牙凹中,旋转杠杆千分尺的微分筒 4(图 5.12),使固定量砧 1 和活动量砧 2 与三针接触(图 5.12),然后读出尺寸 M 的数值(图 5.9)。

(5)分别在同一截面相互垂直的两个方向上测出尺寸 M,并按平均值公式计算螺纹中径,然后判断被测外螺纹中径的合格性。

3. 合格性判断条件

三针法为

$$M_{min} \leqslant M_实 \leqslant M_{max}$$

或按下式计算出单一中径 $d_{2单}$

$$d_{2单} = M - 3d_m + 0.866p$$

则合格性条件为

$$d_{2min} \leqslant d_{2单} \leqslant d_{2max}$$

五、思考题

（1）用三针法测量外螺纹单一中径时，有哪些测量误差？

（2）用三针法测得的单一中径与作用中径之间有什么联系？在判断螺纹量规合格性时，是否要计算出其作用中径？

（3）用三针法测量外螺纹单一中径的方法属于哪一种测量方法？为什么要选用最佳量针直径？

（4）用杠杆千分尺能否进行相对测量？相对测量法和绝对测量法比较，哪种测量方法精确度较高，为什么？

实验6 圆柱齿轮测量

实验 6.1 齿轮齿距偏差测量

一、实验目的

（1）了解万能测齿仪和齿距仪的工作原理和使用方法。

（2）掌握采用相对法测量齿距偏差时数据的处理方法。

二、仪器简介

测量齿距偏差的仪器有齿距仪（也称周节仪）和万能测齿仪。后者可测量多个参数，如齿距、基节、公法线、齿厚、径向跳动等。

齿距仪的基本技术指标如下：

分度值　　　0.005 mm

示值范围　　0~0.5 mm

测量范围　　模数 m 为 3~15 mm

万能测齿仪的基本技术指标如下：

分度值　　　0.001 mm

示值范围　　±0.1 mm

测量范围　　模数 m 为 1~10 mm

　　　　　　最大外径为 300 mm

三、测量原理

测量齿距时多采用比较法（相对法），即先以任意一个齿距为基准，对其他齿距进行比较，从而得到相对齿距偏差（见数据处理），再由该偏差计算出单个齿距偏差和齿距累积误差。齿距仪和万能测齿仪都是采用比较法（相对法）进行测量的。

图 6.1 所示为手持式齿距仪，它由仪器本体 1、固定测量爪 2、活动测量爪 3、定位杆 4、定位杆锁紧螺钉 5、微调装置 6、指示表 7 和固定测量爪紧固螺钉 8 等部分组成。

注：ΔF_{w} 和 Δf_{pb} 在 GB/T 10095·1~2 中已被取消，但从我国当前齿轮生产实际情况来看，这两个参数还在使用。故也列入本实验（实验 6.2 和实验 6.3）供参考（见 GB/T 10095—88）。

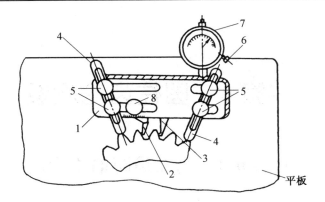

图 6.1　手持式齿距仪测量齿距

1—仪器本体;2—固定测量爪;3—活动测量爪;4—定位杆;

5—定位杆锁紧螺钉;6—微调装置;7—指示表;8—固定测量爪紧固螺钉

使用齿距仪测量齿距时,有 3 种定位方式,即齿顶圆、齿根圆和内孔定位。图 6.1 所示为齿顶圆定位。仪器本体 1 上刻有模数尺,调仪器时,根据被测齿轮的模数,调节固定测量爪 2 在对应模数的位置上。测量时,将齿距仪和被测齿轮分别固定和平放在平板上,手推齿轮进行测量。相对齿距偏差由活动测量爪 3 通过杠杆传到指示表 7 上。

图 6.2 所示为万能测齿仪,它是以内孔定位方式工作的。万能测齿机由底座 1、弓形架 2、固定测头 3、活动测头 4、上顶尖 5、测头座 6、指标表 7、操作拨板 8、径向滑动工作台 9、限位手柄 10、支座 11、定位装置 12 和重锤 13 等部分组成。

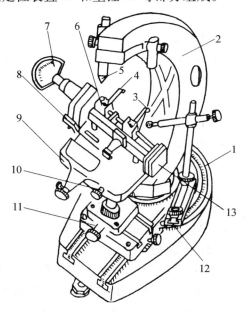

图 6.2　万能测齿仪

1—底座;2—弓形架;3—固定测头;4—活动测头;5—上顶尖;6—测头座;7—指示表;8—操作拨板;

9—径向滑动工作台;10—限位手柄;11—支座;12—定位装置;13—重锤

　　测量时,被测齿轮安装在上顶尖5和下顶尖(图中未画出)之间,固定测头3定位,活动测头4连同测头座6一起微动,用于感受尺寸变化(反映齿距变化),并由指示表7指示出来。

　　测量低精度齿轮时,要将仪器按图6.3(a)调整。测量并读数时,应将弹簧定位装置12(图6.2)的圆球定位头插入齿间,且按下操作拨板8(图6.2);换齿测量前要放松操作拨板8(图6.2),且退出圆球定位头。

　　测量高精度齿轮时,要将仪器按图6.3(b)调整。图6.3(c)所示为仪器的尺寸传感系统结构简图。

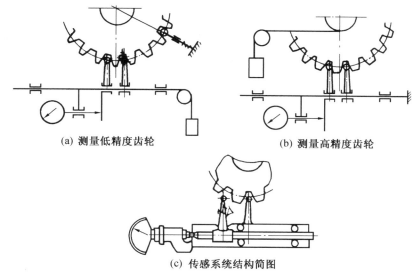

(a) 测量低精度齿轮　　　　　　　　(b) 测量高精度齿轮

(c) 传感系统结构简图

图6.3　用万能测齿仪测量齿距示意图

四、实验步骤

　　本实验使用齿距仪测量齿距,参见图6.1。

　　(1)根据被测齿轮的模数,将可调节的固定测量爪2对在仪器本体1相应的模数刻线上,并用固定测量爪紧固螺钉8锁紧它。

　　(2)适当调节两定位杆4的位置,以达到当定位杆与齿顶接触时,固定测量爪2和活动测量爪3大致在分度圆附近与齿面接触,且指示表有一圈左右压缩量,然后用定位杆锁紧螺钉5锁紧定位杆4。

　　(3)转动指示表7的微调装置6,使指针对零。此时在分度圆附近接触的固定测量爪2和活动测量爪3间的齿距,即为基准齿距。

　　(4)依次测得其他齿距与基准齿距之差,此差值即为相对齿距偏差。

五、数据处理

　　数据处理内容:由相对齿距偏差计算齿距偏差;由计算得到的齿距偏差计算齿距累积总偏差。数据处理方法有计算法和图解法。现以计算法为例,说明数据处理的方法。

1. 采用计算法进行数据处理

单个齿距偏差为实际齿距与公称齿距的代数差。当用绝对法测量齿距时,必须将仪器准确调到分度圆周上,且基准齿距等于公称齿距。由于调整困难,实际上一般采用相对法测量。

相对法测量齿距偏差是将被测齿轮任意一个实际齿距作为基准齿距,其余实际齿距逐次与之相比,求其差值。在一般情况下,作为基准的实际齿距与公称齿距不等,所以由此得到的差值不符合单个齿距偏差定义,故称为相对齿距偏差。

显而易见,所有的相对齿距偏差中均包含了同一个误差值,在测量误差分析中它属于系统误差(系统误差可以消除)。

齿距偏差处理依据是圆周封闭原则,对于圆柱齿轮,理论上各齿距等分。实际上,由于存在加工误差,齿距大小并不相等;齿距偏差有正有负。尽管如此,所有齿距之和仍是一个封闭的圆周,齿距偏差之和必等于零。但是,采用相对法测得的齿距偏差存在系统误差 $\Delta_系$,因此所有相对齿距偏差之和并不等于零。

所有相对齿距偏差之和为 $z \cdot \Delta_系$,其中 z 为被测齿轮的齿数。$\Delta_系$ 为

$$\Delta_系 = 公称齿距 - 作为基准的实际齿距$$

采用计算法的数据处理步骤如下:

(1)将所有相对齿距偏差 $\Delta P_{i相}$ 相加求和,$\sum\limits_{i=1}^{z} \Delta P_{i相}$。

(2)求系统误差 $\Delta_系$。

$$\Delta_系 = \sum\limits_{i=1}^{z} \Delta P_{i相} \Big/ z$$

(3)求每个齿的齿距偏差 Δf_{pti},即绝对齿距偏差 $\Delta P_绝$ 为

$$\Delta P_{i绝} = \Delta P_{i相} - \Delta_系$$

或

$$\Delta P_{i绝} = \Delta P_{i相} + K$$

式中,K 为系统误差修正值,$K = -\Delta_系$。

(4)确定被测齿轮的单个齿距偏差 Δf_{pt}:取 z 个齿距偏差中绝对值最大的数值作为测量结果。注意,单个齿距偏差有正、负之分,故不能略去正、负符号,其计算方法和示例见表6.1。

(5)计算齿距累积总偏差 ΔF_p:将齿距偏差依次累加,累加值中的最大累加值与最小累加值之差,即为齿距累积总偏差 ΔF_p,其计算方法和示例见表6.1。

(6)计算齿距累积偏差 ΔF_{pk}:它等于连续 k 个齿距的单个齿距偏差的代数和(本例中 $k=3$),取其中绝对值最大的数值为 ΔF_{pk},其计算方法和示例见表6.1。

2. 合格性判断条件

$$-f_{pt} \leqslant \Delta f_{pt} \leqslant +f_{pt}$$
$$-F_{pk} \leqslant \Delta F_{pk} \leqslant +F_{pk}$$
$$\Delta F_p \leqslant F_p$$

表 6.1　相对法测量齿距数据处理示例($z=18$)　　　　　　　　　单位：μm

齿距序号 i	$\Delta P_{i相}$（读数）	$\Delta f_{pti}=\Delta P_{i绝}=\Delta P_{i相}-\Delta_系$	$\Delta F_{pi}=\sum\limits_{i=1}^{z}\Delta P_{i绝}$	$\Delta F_{pki}(k=3)=\sum\limits_{i-k+1}^{i}\Delta f_{pti}$
1	0	+1	+1	0（17～1）
2	+1	+2	+3	+1（18～2）
3	−3	−2	+1	+1（1～3）
4	+1	+2	+3	+2（2～4）
5	+7	+8	+11	+8（3～5）
6	+3	+4	+15	+14（4～6）
7	0	+1	+16	+13（5～7）
8	−4	−3	+13	+2（6～8）
9	−6	−5	+8	−7（7～9）
10	−8	−7	+1	−15（8～10）
11	−11	−10	−9	−22（9～11）
12	−5	−4	−13	−21（10～12）
13	0	+1	−12	−13（11～13）
14	+2	+3	−9	0（12～14）
15	+6	+7	−2	+11（13～15）
16	+2	+3	+1	+13（14～16）
17	0	+1	+2	+11（15～17）
18	−3	−2	0	+2（16～18）
结　论	$\Delta_系=\dfrac{1}{z}\sum\limits_{i=1}^{z}\Delta P_{i相}$ $=\dfrac{-18}{18}=-1$	单个齿距偏差 $\Delta f_{pt}=-10$	齿距累积总偏差 $\Delta F_p=16-(-13)$ $=29$	齿距累积偏差 $\Delta F_{pk}=-22$ 注：括号内的数字代表连续 3 个齿的齿距序号

注：GB/T 10095.1～2 中，偏差（如 f_{pt}、F_{pk}、F_p）和偏差允许值［公差（如 F_p）、极限偏差（如 $\pm f_{pt}$ $\pm F_{pk}$）］用同一代号（如 f_{pt}、F_{pk}、F_p），为区别起见，本书在偏差代号前加"Δ"。

六、思考题

（1）用相对法测量齿距时，指示表是否一定要调零？为什么？

（2）单个齿距偏差和齿距累积总偏差对齿轮传动各有什么影响？

（3）为什么相对齿距偏差加上系统误差修正值 K 就等于单个齿距偏差？

实验 6.2　齿轮公法线长度变动量和公法线长度偏差测量

一、实验目的

（1）熟悉公法线指示规或公法线千分尺的结构和使用方法。

（2）掌握齿轮公法线长度公称值的计算方法，并熟悉公法线长度的测量方法。

（3）加深对公法线长度变动和公法线长度偏差定义的理解。

二、仪器简介

公法线长度通常使用公法线千分尺或公法线指示规测量。图6.4 所示为公法线千分尺。它的结构、使用方法和读数方法同普通千分尺一样，不同之处是量砧制成碟形，以使碟形量砧能够伸进齿间进行测量。

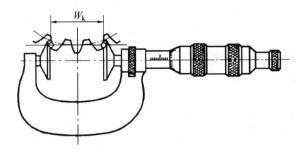

图6.4　公法线千分尺

公法线指示规的结构图如图6.5 所示。它由圆柱 1、开口圆套 2、固定量爪 3、活动量爪 4、比例杠杆 5、指示表 6、片簧 7、按钮 8 和扳手 9 等部分组成。

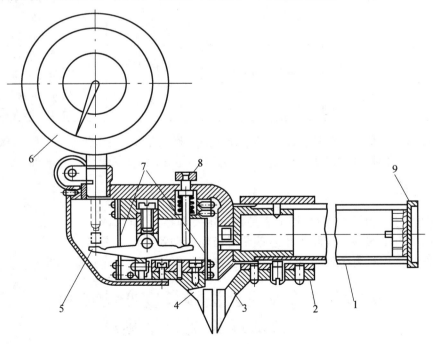

图6.5　公法线指示规的结构图

1—圆柱；2—开口圆套；3—固定量爪；4—活动量爪；5—比例杠杆；

6—指示表；7—片簧；8—按钮；9—扳手

三、测量原理

公法线长度变动 ΔF_w 是指在被测齿轮一周范围内,实际公法线长度的最大值与最小值之差。公法线长度偏差 ΔE_{bn} 是指在被测齿轮一周范围内,实际公法线长度与公法线长度公称值之差。

测量标准直齿圆柱齿轮的公法线长度时的跨齿数 k 按下式计算:

$$k = z \frac{\alpha}{180°} + 0.5$$

式中　z——齿轮的齿数;

　　　α——齿轮的压力角。

k 的计算值通常不为整数,而在测量齿轮时,k 必须是整数,因此应将 k 的计算值化整为最接近计算值的整数。

公法线长度公称值 W_k 按下式计算:

$$W_k = m\cos \alpha [\pi(k-0.5) + z \operatorname{inv} \alpha]$$

式中　inv——渐开线函数,inv $20° = 0.014\,904$。

测量变位直齿圆柱齿轮的公法线长度时的跨齿数 k 按下式计算:

$$k = z \frac{\alpha_m}{180°} + 0.5$$

式中,$\alpha_m = \arccos \dfrac{d_b}{d+2xm}$,$m$、$x$、$d$ 和 d_b 分别为模数、变位系数、分度圆直径和基圆直径。

公法线长度公称值 W_k 按下式计算:

$$W_k = m\cos \alpha [\pi(k-0.5) + z \operatorname{inv} \alpha] + 2xm\sin \alpha$$

为了使用方便,对于 $\alpha = 20°$、$m = 1$ mm 的标准直齿圆柱齿轮,按以上有关公式计算的跨齿数 n(k 的化整值)和公法线长度公称值 W_k,见表 6.2。

表 6.2　$\alpha = 20°$、$m = 1$ mm 的标准直齿圆柱齿轮的跨齿数 n 和公法线长度公称值 W_k

z	n	W_k/mm	z	n	W_k/mm	z	n	W_k/mm
17	2	4.666 3	29		10.738 6	40		13.844 8
18		7.632 4	30		10.752 6	41		13.858 8
19		7.646 4	31		10.766 6	42	5	13.872 3
20		7.660 4	32	4	10.780 6	43		13.886 8
21		7.674 4	33		10.794 6	44		13.900 8
22	3	7.688 4	34		10.808 6	45		16.867 0
23		7.702 4	35		10.822 6	46		16.881 0
24		7.716 5	36		13.788 8	47		16.895 0
25		7.730 5	37		13.802 8	48	6	16.909 0
26		7.744 5	38	5	13.816 8	49		16.923 0
27	4	10.710 6	39		13.830 8	50		16.937 0
28		10.724 6						

注:对于其他模数的齿轮,则将表中的数值乘以模数。

四、实验步骤

（1）按被测齿轮的模数 m、齿数 z 和压力角 α 等参数计算跨齿数 k 和公法线长度公称值 W_k（或从表 6.2 查取）。

（2）若使用公法线指示规测量（图 6.5），测量前，需选取量块组成量块组（量块组的中心长度等于齿轮公法线长度公称值），用此量块组调整活动量爪 4 和固定量爪 3 之间的距离，同时转动指示表 6 的表盘，使指针对准零刻线。测量时，应轻轻摆动公法线指示规，按指针转动的转折点（最小示值）进行读数。对被测齿轮一般均布测量 6 条公法线长度，从公法线指示规的指示表上读取示值，这些示值即为公法线长度偏差 ΔE_{bn} 的数值。其中最大值 ΔE_{bnmax} 与最小值 ΔE_{bnmin} 之差即为公法线长度变动 ΔF_W。测量后，应校对测量仪器示值零位，回零误差不得超过半格刻度。

（3）若使用公法线千分尺测量，对被测齿轮也是均布测 6 条公法线长度，从其中找出 W_{kmax} 和 W_{kmin}，则公法线长度变动 ΔF_W 和公法线长度偏差最大值和最小值按下式计算：

$$\Delta F_W = W_{kmax} - W_{kmin}$$

$$\Delta E_{bnmax} = W_{kmax} - W_k$$

$$\Delta E_{bnmin} = W_{kmin} - W_k$$

（4）合格性条件为

$$\Delta F_W \leqslant F_W$$

$$\begin{cases} \Delta E_{bnmin} \geqslant E_{bni} \\ \Delta E_{bnmax} \leqslant E_{bns} \end{cases}$$

五、思考题

（1）求 ΔF_W 和 ΔE_{bn} 的目的有何不同？

（2）只测量公法线长度变动，能否保证齿轮传递运动的准确性？为什么？

实验 6.3　齿轮基节偏差测量

一、实验目的

（1）了解基节仪工作原理，掌握其使用方法。

（2）加深对基节偏差定义的理解。

二、仪器简介

基节仪有切线式、两点式和点线式等类型。本实验采用点线式基节仪，图 6.6 所示为点线式基节仪，它由固定量爪 1、活动量爪 2、辅助支撑量爪 3、指示表 4、调节螺钉 5、调节旋钮 6 和紧固螺钉 7 等部分组成。

仪器的基本技术指标如下：

分度值　　　　0.001 mm

示值范围　　　　±0.06 mm

测量范围　　　　模数 m 为 2 ～ 16 mm

三、测量原理

基节是指基圆柱切平面所截两相邻同侧齿面的交线之间的法向距离。因此测量基节的仪器或量具应能满足这样的条件,即其测量头同两齿面接触点的连线应是齿面的法线。图 6.7 所示为用点线式基节仪测量齿轮基节偏差原理图。

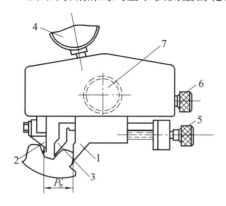
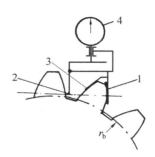

图 6.6　点线式基节仪
1—固定量爪;2—活动量爪;3—辅助
支撑量爪;4—指示表;5—调节螺钉;
6—调节旋钮;7—紧固螺钉

图 6.7　用点线式基节仪测量齿轮基节偏差原理图
1—固定量爪;2—活动量爪;
3—辅助支撑量爪;4—指示表

在图 6.6 和图 6.7 中,平面形固定量爪 1 用来定位,当通过调节旋钮 6 调节固定量爪 1 的左、右位置时,辅助支撑量爪 3 也一起移动(辅助支撑量爪 3 安装在固定量爪 1 上),紧固螺钉 7 用来锁紧固定量爪 1,调节螺钉 5 用来调节辅助支承量爪 3 相对固定测量爪 1 的距离;圆弧形活动量爪 2,用以感受尺寸变化,并通过杠杆将基节偏差显示在指示表 4 上。

四、实验步骤

1. 将基节仪的指针调至零位

如图 6.8 所示,基节仪调零附件由螺钉 1、旋钮 2、本体 3、前调块 4 和后调块 5 等部分组成。

(1)组合一组量块(图 6.8),使其中心长度等于被测齿轮公称基节 P_b,其计算式为

$$P_b = m\pi\cos\alpha$$

(2)将组合好的量块组夹在基节调零附件上,如图 6.9 所示。

(3)将基节仪放在调零附件上(图 6.9),调节固定量爪与活动量爪之间的距离,使之等于公称基节 ,此时指示表 4(图 6.7)指针应在示值范围内。

(4)仔细调整指示表 4(图 6.7)上的微动旋钮,使指针对准零位。

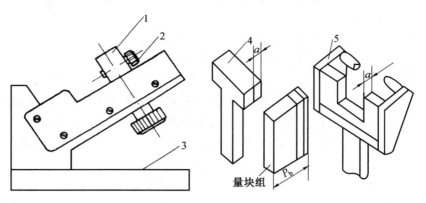

图 6.8　基节仪调零附件

1—螺钉;2—旋钮;3—本体;4—前调块;5—后调块

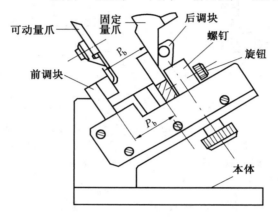

图 6.9　调装好的基节仪装置

2. 基节偏差的测量

参考图 6.6 和图 6.7,为了减少测量的工作量,一般可均布测量同一齿轮左、右齿面各 6 个基节偏差,并将其填入实验报告中。

注意:

(1)测量时为得到齿面间的法向距离,测量过程中要使基节仪绕齿面微微摆动,以获得指针的转折点,此点读数即为基节偏差值。

(2)测量时应认真调整辅助支承量爪 3 至固定量爪 1 的距离,以保证固定量爪 1 靠近齿顶部位与齿面接触,活动量爪 2 靠近齿根部位与齿面接触。

(3)在基节偏差测量过程中,基节仪会因使用不当使零位发生变化,故应随时校对。

(4)生产中要求左齿面和右齿面逐齿测量,本实验只测一部分。

3. 合格性条件为

$$-f_{pb} \leq \Delta f_{pb} \leq +f_{pb}$$

五、思考题

(1)为什么左、右齿面的基节偏差都要测量?

（2）基节偏差对齿轮传动有何影响？

实验 6.4　齿轮齿厚偏差测量

一、实验目的

（1）熟悉齿厚卡尺的结构和使用方法。
（2）掌握齿轮分度圆弦齿高和弦齿厚公称值的计算方法，并熟悉齿厚的测量方法。
（3）加深对齿厚偏差定义的理解。

二、仪器简介

齿厚偏差可以用齿厚游标卡尺（图 6.10）或光学测齿卡尺测量。本实验采用齿厚游标卡尺测量齿厚实际值。齿厚游标卡尺由互相垂直的两个游标尺组成，测量时以齿轮顶圆作为测量基准。垂直游标尺用于按分度圆弦齿高公称值 h 确定被测部位，水平游标尺则用于测量分度圆弦齿厚实际值 $\bar{s}_{实际}$。齿厚游标卡尺的读数方法与一般游标卡尺相同。

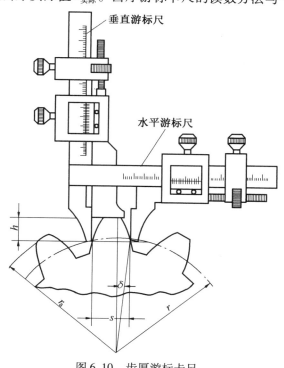

图 6.10　齿厚游标卡尺

三、测量原理

齿厚偏差 ΔE_s 是指被测齿轮分度圆柱面上的齿厚实际值与公称值之差。

对于标准直齿圆柱齿轮，其模数为 m，齿数为 z，则分度圆弦齿高公称值 $\bar{h}$ 和弦齿厚公

称值 $\bar{s}$ 按下式计算：

$$\bar{h} = m\left[1 + \frac{z}{2}\left(1 - \cos\frac{90°}{z}\right)\right]$$

$$\bar{s} = mz\sin\frac{90°}{z}$$

为了使用方便，按上式计算出模数 m 为 1 mm 的各种不同齿数的齿轮分度圆弦齿高和弦齿厚的公称值，列于表 6.3 中。

对于变位直齿圆柱齿轮，其模数为 m，齿数为 z，压力角为 α，变位系数为 x，则分度圆弦齿高公称值 $\bar{h}$ 和弦齿厚公称值 $\bar{s}$ 按下式计算：

$$\bar{h} = m\left\{1 + \frac{z}{2}\left[1 - \cos\left(\frac{\pi + 4x\tan\alpha}{2z}\right)\right]\right\}$$

$$\bar{s} = mz\sin\left(\frac{\pi + 4x\tan\alpha}{2z}\right)$$

表 6.3　$m = 1$ mm 时分度圆弦齿高公称值 $\bar{h}$ 和弦齿厚公称值 $\bar{s}$

齿数 z	$\bar{h}$/mm	$\bar{s}$/mm	齿数 z	$\bar{h}$/mm	$\bar{s}$/mm
17	1.036 2	1.568 6	34	1.018 1	1.570
18	1.034 2	1.568 8	35	1.017 6	1.570 2
19	1.032 4	1.569 0	36	1.017 1	1.570 3
20	1.030 8	1.569 2	37	1.016 7	1.570 3
21	1.029 4	1.569 4	38	1.016 2	1.570 3
22	1.028 1	1.569 5	39	1.015 8	1.570 4
23	1.026 8	1.569 6	40	1.015 4	1.570 4
24	1.025 7	1.569 7	41	1.015 0	1.570 4
25	1.024 7	1.569 8	42	1.014 7	1.5704
26	1.023 7	1.569 8	43	1.014 3	1.570 5
27	1.022 8	1.569 9	44	1.014 0	1.570 5
28	1.022 0	1.570 0	45	1.013 7	1.570 5
29	1.021 3	1.570 0	46	1.013 4	1.570 5
30	1.020 5	1.570 1	47	1.013 1	1.570 5
31	1.019 9	1.570 1	48	1.012 9	1.570 5
32	1.019 3	1.570 2	49	1.012 6	1.570 5
33	1.018 7	1.570 2	50	1.012 3	1.570 5

注：对于其他模数的齿轮，则将表中数值乘以模数。

四、实验步骤

（1）计算齿轮顶圆公称直径 d_a 和分度圆弦齿高公称值 $\bar{h}$、弦齿厚公称值 $\bar{s}$（或从表6.3 中查取）。

（2）首先测量出齿轮顶圆实际直径 $d_{a实际}$。按 $\left[\bar{h} - \frac{1}{2}(d_a - d_{a实际})\right]$ 的数值调整齿厚游标卡尺的垂直游标尺，然后将其游标加以固定。

（3）将齿厚游标卡尺置于被测齿轮上，使垂直游标尺的高度板与齿顶可靠地接触，然后移动水平游标尺的量爪，使之与齿面接触，从水平游标尺上读出弦齿厚实际值 $\bar{s}_{实际}$。这样依次对圆周上均布的几个齿进行测量。测得的齿厚实际值 $\bar{s}_{实际}$ 与齿厚公称值 $\bar{s}$ 之差即为齿厚偏差 ΔE_{sn}。

（4）合格性条件为

$$E_{sni} \leqslant \Delta E_{sn} \leqslant E_{sns}$$

五、思考题

（1）测量齿轮齿厚是为了保证齿轮传动的哪项使用要求？

（2）齿轮齿厚偏差 ΔE_{sn} 可以用什么评定指标代替？

实验 6.5　齿轮径向跳动测量

一、实验目的

（1）了解齿轮径向跳动测量仪的结构，并熟悉其使用方法。

（2）加深对齿轮径向跳动定义的理解。

二、仪器简介

图 6.11 所示为卧式径向跳动测量仪，它由立柱 1、指示表 2、指示表测量扳手 3、心轴 4、顶尖 5、顶尖锁紧螺钉 6、顶尖架 7、顶尖架锁紧螺钉 8、滑台 9、底座 10、滑台锁紧螺钉 11、滑台移动手轮 12、表架 13、表架锁紧螺钉 14 和升降螺母 15 等部分组成。

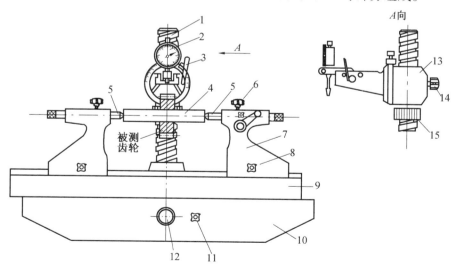

图 6.11　卧式径向跳动测量仪

1—立柱；2—指示表；3—指示表测量扳手；4—心轴；5—顶尖；6—顶尖锁紧螺钉；7—顶尖架；8—顶尖架锁紧螺钉；9—滑台；10—底座；11—滑台锁紧螺钉；12—滑台移动手轮；13—表架；14—表架锁紧螺钉；15—升降螺母

径向跳动可用径向跳动测量仪、万能测齿仪或普通的偏摆检查仪等仪器测量。本实验采用径向跳动测量仪来测量,无论采用哪种仪器和何种形式测头(球形或锥形),均应根据被测齿轮的模数 m 选择测头直径 $d(d \approx 1.68m)$,以保证测头在齿高中部附近与齿面双面接触。

仪器的基本技术指标如下:

指示表分度值　　　　　0.01 mm

测量范围　　　　　　　模数 m 为 1 ~ 10 mm

被测齿轮直径　　　　　≤350 mm

三、测量原理

齿轮径向跳动 ΔF_r 是指在被测齿轮一转范围内,测头在齿槽内或在轮齿上与齿高中部双面接触,测头相对于齿轮基准轴线的最大变动量。测量时(图 6.11),把被测齿轮用心轴 4 安装在两顶尖架的顶尖 5 之间,用心轴轴线模拟该齿轮的基准轴线,使测头在齿槽内(或在轮齿上)与齿高中部双面接触,然后逐齿测量测头相对于齿轮基准轴线的变动量,其中最大值与最小值之差即为齿轮径向跳动 ΔF_r。

四、实验步骤

1. 在测量仪器上安装测头和被测齿轮

根据被测齿轮的模数选择尺寸合适的测头,把它安装在指示表 2 的测杆上。把被测齿轮的心轴 4 顶在两个顶尖 5 之间。注意调整两个顶尖之间的距离,使心轴无轴向窜动,且能转动自如。松开滑台锁紧螺钉 11,转动滑台移动手轮 12,使滑台 9 移动,从而使测头大约位于齿宽中间,然后再将滑台锁紧螺钉 11 锁紧。

2. 调整测量仪器指示表示值零位

放下指示表测量扳手 3,松开表架锁紧螺钉 14,转动升降螺母 15,使测头随表架 13 下降到与齿槽双面接触,把指示表 2 的指针压缩 1 ~ 2 圈,然后再将表架锁紧螺钉 14 紧固。转动指示表 2 的表盘(圆刻度盘),把零刻线对准指示表的指针。

3. 进行测量

抬起指示表测量扳手 3,把被测齿轮转过一个齿,然后放下指示表测量扳手 3,使测头进入齿槽内,记下指示表 2 的示值。这样逐步测量所有的齿槽,从各次示值中找出最大示值和最小示值,它们的差值即为齿轮径向跳动 ΔF_r。

4. 结论

按齿轮图样上给定的齿轮径向跳动公差 F_r,判断被测齿轮的合格性,其合格条件为

$$\Delta F_r \leqslant F_r$$

五、思考题

(1)齿轮径向跳动 ΔF_r 反映齿轮的哪些加工误差?

(2)齿轮径向跳动 ΔF_r 可用什么评定指标代替?

实验 6.6　齿轮径向综合偏差测量

一、实验目的

（1）了解双面啮合综合检查仪工作原理及使用方法。

（2）加深对齿轮的径向综合总偏差和一齿径向综合偏差定义的理解。

二、仪器简介

双面啮合综合检查仪（双啮仪）可用来测量齿轮一转范围内的径向综合总偏差和一齿径向综合偏差。图 6.12 所示为双面啮合综合检查仪，它由记录器 1、指标表 2、测量齿轮 3、被测齿轮 4、固定滑座 5、固定滑座锁紧器 6、手轮 7、底座 8、刻度尺 9、刻度尺游标 10、径向浮动滑座 11、偏心器 12 和螺钉 13 等部分组成。

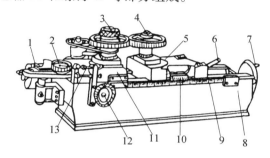

图 6.12　双面啮合综合检查仪

1—记录器;2—指示表;3—测量齿轮;4—被测齿轮;5—固定滑座;6—固定滑座锁紧器;7—手轮;8—底座;9—刻度尺;10—刻度尺游标;11—径向浮动滑座;12—偏心器;13—螺钉

仪器的基本技术指标如下：

分度值　　0.01 mm（百分表）或分度值可变（电感测微仪）

示值范围　0 ~ 1 mm（百分表）或范围可变（电感测微仪）

测量范围　中心距 a 为 50 ~ 320 mm

　　　　　模数　m 为 1 ~ 10 mm

三、测量原理

齿轮径向综合偏差的测量是被测齿轮与测量齿轮双面啮合时，在被测齿轮一转范围内，双啮中心距的最大变动量（包括转一转的变动量和转一齿的变动量）。双面啮合综合检查仪测量原理图如图 6.13 所示，测量时，被测齿轮空套在仪器固定心轴上，测量齿轮空套在径向浮动滑座的心轴上，借弹簧作用力使两齿轮双面啮合。此时，如被测齿轮有误差，例如，有齿轮径向跳动 ΔF_r，则当被测齿轮转动时，将推动测量齿轮和径向浮动滑座左右移动，使双啮中心距 a'' 发生变动，变动量由指示表读出或由记录器记录（图 6.12）。

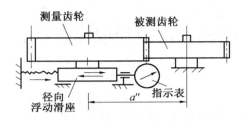

图 6.13　双面啮合综合检查仪测量原理图

四、实验步骤

参照图 6.12 进行操作。

（1）将被测齿轮 4 空套在仪器心轴上,转动偏心器 12,将径向浮动滑座 11 大致放在其浮动范围中间,并使指示表 2 有一定的压缩量。

（2）转动手轮 7,使被测齿轮 4 与测量齿轮 3 双面啮合,然后锁紧固定滑座锁紧器 6,使固定滑座 5 固定。

（3）放松偏心器 12。

（4）机动或手动使被测齿轮转一转,指示表 2 的最大示值和最小示值之差,即为齿轮一转范围内的径向综合总偏差 $\Delta F_i''$。

（5）被测齿轮转一齿过程中,记录并计算对应转过每个齿的范围内指示表 2 的最大示值和最小示值之差,取其中的最大差值,作为一齿径向综合偏差 $\Delta f_i''$。

（6）合格性条件为

$$\Delta F_i'' \leqslant F_i''$$
$$\Delta f_i'' \leqslant f_i''$$

五、思考题

（1）径向综合总偏差 $\Delta F_i''$ 和一齿径向综合偏差 $\Delta f_i''$ 分别反映齿轮的哪些加工误差?

（2）双面啮合综合检查仪测量的特点是什么?

实验 7　几何量测量的综合实验（选做）

一、实验目的

（1）加深对必做实验中各种测量原则和测量方法的理解，初步学会典型零件常用测量方案的设计。

（2）进一步熟悉对必做实验中所使用过的仪器的工作原理和使用方法，学会选用测量典型零件的仪器。

（3）通过本实验的教学手段，培养学生综合设计能力和创新能力。

二、实验内容

设计减速中的输出轴和齿轮的测量方案（可以选做几项）。

（1）减速器输出轴，其零件图如图 7.1 所示。

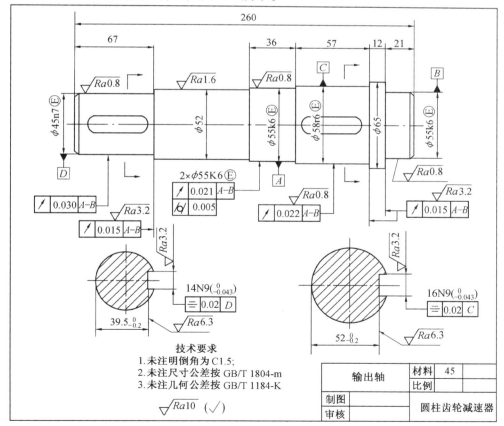

图 7.1　输出轴零件图

检测减速器输出轴下列几何误差的合格性：

①2×ϕ55k6Ⓔ——与滚动轴承内圈配合；

②ϕ58r6Ⓔ——与齿轮内孔配合；

③ϕ45n7Ⓔ——与皮带轮内孔配合；

④平键——轴槽尺寸和对称度；

⑤几何公差——圆柱度、径向圆跳动和轴向圆跳动；

⑥表面粗糙度；

⑦未注尺寸公差。

（2）减速器输出轴上的齿轮，其零件图如图 7.2 所示。

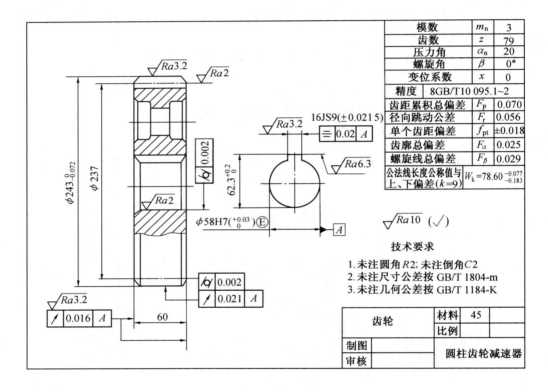

模数	m_n	3
齿数	z	79
压力角	α_n	20
螺旋角	β	0°
变位系数	x	0
精度	8GB/T10 095.1~2	
齿距累积总偏差	F_p	0.070
径向跳动公差	F_r	0.056
单个齿距偏差	f_{pt}	±0.018
齿廓总偏差	F_α	0.025
螺旋线总偏差	F_β	0.029
公法线长度公称值与上、下偏差（k=9）	W_k=78.60$^{-0.077}_{-0.183}$	

$\sqrt{Ra10}$ （$\sqrt{}$）

技术要求

1. 未注圆角 $R2$；未注倒角 $C2$
2. 未注尺寸公差按 GB/T 1804-m
3. 未注几何公差按 GB/T 1184-K

齿轮	材料	45
	比例	
制图		圆柱齿轮减速器
审核		

图 7.2 齿轮零件图

检测减速器输出轴上齿轮的下列几何误差的合格性：

①齿轮内孔 ϕ58H7Ⓔ——与输出轴配合；

②齿坯径向圆跳动和轴向圆跳动；

③平键——孔槽尺寸和对称度；

④齿轮偏差项目——F_p、F_r、f_{pt}、F_α、F_β、E_{bns}、E_{bni}；

⑤表面粗糙度；

⑥未注尺寸公差。

三、实验要求

同学们可根据自己的具体情况选做实验内容中的一项或几项,按其要求设计测量方案、实验报告表、偏差测量以及判断其合格性,并说明其理由。

1. 设计测量方案

(1)根据实验内容选择检验方法(仪器、量具或量规);

(2)根据被测对象的精度要求选用计量器具(仪器名称、分度值、示值范围、测量范围、仪器不确定度和测量不确定度)。

2. 设计并制做实验报告表

3. 偏差(误差)测量

把测得实际数据填写在实验报告中。

4. 判断其合格性,并说明理由

5. 实验心得体会

第 2 部分　课程大作业

"机械精度设计与检测基础"是高等工科院校的一门重要的技术基础课程,其所学内容对于机械类学生的机械课程设计、毕业设计乃至将来的技术工作都是至关重要的。为了提高学生的机械精度设计能力,我们在本课程中特设置了大作业教学环节。读者可参考张也晗、刘永猛、刘品主编的《机械精度设计与检测基础》第 11 版中的第 12 章内容完成此大作业,并将其列入课程考核的一个重要环节。

1. 大作业内容

图纸代号 01 为一般用途的一级圆柱齿轮减速器,采用油池润滑,其功率为 3.5 kW,高速轴(输入轴)的转速为 1 450 r/min,传动比 $i = 3.95$,大齿轮的齿数 $z = 79$,法向模数 $m_n = 3$ mm,中心距 $a = 150$ mm,法向压力角 $\alpha_n = 20°$,螺旋角 $\beta = 8°6'34''$,右旋,变位系数 $x = 0$,齿宽 $b = 60$ mm。

与该减速器输出轴配合的两个轴承为圆锥滚子轴承 30211 ($d \times D \times B = 55 \times 100 \times 21$),0 级精度,此处承受轻负荷。滚动轴承孔间的跨距 $L = 100$ mm。

该减速器工作时,齿轮的温度 $t_1 = 80$ ℃,箱体的温度 $t_2 = 40$ ℃,钢齿轮的线膨胀系数 $\alpha_1 = 11.5 \times 10^{-6}$℃,铸铁(代号 HZ200)箱体的线膨胀系数 $\alpha_2 = 10.5 \times 10^{-6}$℃。

2. 大作业要求

对大作业的机械精度设计要求如下。

2.1　一级圆柱齿轮减速器装配图(图纸代号 01)

(1)输出轴与大齿轮内孔配合处的配合代号。
(2)输出轴与滚动轴承内圈配合处的配合代号。
(3)输出轴与套筒内孔配合处的配合代号。
(4)箱座上的轴承孔与滚动轴承外圈配合处的配合代号。
(5)箱座上的轴承孔与轴承端盖配合处的配合代号。
(6)螺钉与箱座上的螺纹孔结合处的配合代号,该螺纹为粗牙、右旋、中等公差精度和中等旋合长度。

2.2　大齿轮零件图(图纸代号 02)

将以下各项技术要求标注在大齿轮零件图上:

(1)确定大齿轮的精度等级。

(2)选择检验项目(测量仪器仅有径向跳动仪、齿厚卡尺、公法线千分尺、齿距仪、渐开线测量仪、基节仪和螺旋线偏差检查仪),并确定其允许值或极限偏差。

(3)计算大齿轮公法线长度公称值及其上、下偏差。

(4)确定大齿轮的齿坯公差。

(5)确定与平键结合处的尺寸及其极限偏差、几何公差和表面粗糙度。

(6)未注尺寸公差等级和未注几何公差等级均选用中等级,其余表面粗糙度 Ra 不大于 10 μm。

2.3　输出轴零件图(图纸代号 03)

将以下各项技术要求标注在输出轴零件图上:

(1)确定与大齿轮内孔配合处的尺寸的极限偏差,几何公差和表面粗糙度。

(2)确定与滚动轴承内圈配合处的尺寸的极限偏差、几何公差和表面粗糙度。

(3)确定与联轴节配合处(ϕ45)的尺寸的极限偏差、几何公差和表面粗糙度。

(4)确定与两平键结合处的尺寸及其极限偏差、几何公差和表面粗糙度。

(5)未注尺寸公差等级和未注几何公差等级均选用中等级,其余表面粗糙度 Ra 不大于 10 μm。

2.4　箱座零件图(图纸代号 04)

将以下各项技术标注在箱座零件图上:

(1)两个 ϕ100 轴承孔的尺寸及其极限偏差、圆柱度公差和表面粗糙度。

(2)两个 ϕ80 轴承孔的尺寸及其极限偏差、圆柱度公差和表面粗糙度。

(3)轴承孔 2×ϕ80 和轴承孔 2×ϕ100 的中心距的极限偏差±f_a'[±f_a' = (0.7~0.8)f_a,f_a 为齿轮副中心距的偏差允许值]。

(4)两个 ϕ80 轴承孔的轴线分别对两个 ϕ100 轴承孔的公共轴线的平行度公差。

(5)两个 ϕ80 轴承孔的轴线分别对该两个轴承孔的公共轴线的同轴度公差,被测要素采用最大实体要求的零几何公差,基准要素也采用最大实体要求。

(6)两个 ϕ100 轴承孔的轴线分别对该两个轴承孔的公共轴线的同轴度公差,被测要素采用最大实体要求的零几何公差,基准要素也采用最大实体要求。

(7)平面Ⅰ的平面度公差和表面粗糙度。

(8)平面Ⅰ上的孔 6×ϕ13 的位置度公差,被测要素采用最大实体要求。

(9)端面Ⅱ和端面Ⅲ上与轴承端盖接触处(两处 ϕ120 和两处 ϕ140),分别对所在箱座上的轴承孔的轴线(两个 ϕ80 轴承孔的轴线和两个 ϕ100 轴承孔的轴线)的垂直度公差。

（10）端面Ⅱ和端面Ⅲ上的螺纹孔 12×M8 的公差带代号,该螺纹为粗牙、右旋、中等公差精度和中等旋合长度。

（11）端面Ⅱ和端面Ⅲ上的螺纹孔 12×M8 的位置度公差,被测要素和基准要素均采用最大实体要求。

（12）未注的尺寸公差和未注几何公差等级均选用粗糙级,其余表面的表面粗糙度 Ra 不得大于 25 μm。

2.5　轴承端盖零件图（图纸代号 05）

将以下各项技术要求标注在轴承端盖零件图上:

（1）尺寸 $\phi100$ 的极限偏差和该圆柱面的表面粗糙度。

（2）孔 6×$\phi9$ 的位置度公差,被测要素采用最大实体要求。

（3）端面Ⅰ的表面粗糙度。

（4）未注尺寸公差等级选用最粗级,未注几何公差等级选用粗糙级,其余表面粗糙度 Ra 不大于 25 μm。

实 验 报 告

姓　　名:＿＿＿＿＿＿＿＿　学　　号:＿＿＿＿＿＿＿＿＿

课程名称:＿＿＿＿＿＿＿＿＿＿＿＿＿＿＿＿＿＿＿＿＿

实验名称:＿＿＿＿＿＿＿＿＿＿＿＿＿＿＿＿＿＿＿＿＿

实验序号:＿＿＿＿＿＿＿＿　实验日期:＿＿＿＿＿＿＿＿

实验室名称:＿＿＿＿＿＿＿＿＿＿＿＿＿＿＿＿＿＿＿＿

同 组 人:＿＿＿＿＿＿＿＿＿＿＿＿＿＿＿＿＿＿＿＿＿

实验成绩:＿＿＿＿＿＿＿＿＿＿＿＿＿＿＿＿＿＿＿＿＿

教师签字:＿＿＿＿＿＿＿＿　时　　间:＿＿＿＿＿＿＿＿

实验 1 轴孔测量

实验 1.1 用立式光学计测量轴径 单位:mm

名 称	公称尺寸	极限偏差		验收极限偏差	
		es	ei	上偏差	下偏差

<table>
<tr><td>被测零件</td><td colspan="2">尺寸公差 $T_尺$</td><td colspan="2">安全裕度 A</td><td colspan="2">圆度公差 $t_○$</td><td colspan="2">圆柱度公差 $t_{/○/}$</td></tr>
<tr><td></td><td colspan="2"></td><td colspan="2"></td><td colspan="2"></td><td colspan="2"></td></tr>
</table>

测量仪器	名 称	分度值	示值范围	测量范围
	量块尺寸		量块等级	

测量简图

测量读数	实 际 偏 差 e_a		
测量位置	Ⅰ—Ⅰ	Ⅱ—Ⅱ	Ⅲ—Ⅲ
测量方向 A—A'			
测量方向 B—B'			

尺寸实际偏差 e_a	最大		圆度误差 $f_○$		圆柱度误差 $f_{/○/}$	
	最小					

合格性结论	理 由	审 阅

实验 1.2　用立式测长仪测量轴径　　　　　　　　单位:mm

被测零件	名　称	公称尺寸	极限尺寸		安全裕度	验收极限尺寸	
			d_{max}	d_{min}	A	上验收极限	下验收极限
测量仪器	名　称	分度值	示值范围		测量范围		

测量读数		第一次		第二次	
合格性结论		理　由		审　阅	

实验 1.3　用内径指示表测量孔径　　　　　　　　单位:mm

被测零件	名　称	公称尺寸	极限偏差		验收极限偏差	
			ES	EI	上偏差	下偏差
	尺寸公差 $T_尺$		安全裕度 A		圆度公差 $t_。$	
测量仪器	名　称	分度值	示值范围		测量范围	

量块或标准圆环尺寸				量块或标准圆环等级	

测量读数		实际偏差 E_a			
测量位置		Ⅰ—Ⅰ	Ⅱ—Ⅱ	Ⅲ—Ⅲ	
测量方向	A—A′				
	B—B′				
尺寸实际偏差 E_a	$\dfrac{E_{amax}}{E_{amin}}$	圆度误差 $f_。$			

A向视图

合格性结论		理由		审阅	

实验2 形状误差测量

实验2.1 用自准直仪测量平台的直线度误差

被 测 零 件	名 称		直线度公差 t_-/mm		
测量仪器	名 称	分度值/(mm·m⁻¹)	测量范围/m		桥板跨距/mm

测量数据与测量结果

测点序号	0	1	2	3	4	5	6
顺测读数/格	0						
回测读数/格	0						
平均值/格	0						
相对点1的读数/格	0	0					
换算成线值/μm							
累积值/μm							

直线度误差 f_-/mm	合格性结论	理 由	审 阅

实验 2.2　用分度头测量圆度误差

被测零件	名　称		圆度公差 $t_○$/mm	
测量仪器	名　称		分度值/mm	

测量数据与测量结果

测试点/度	0	30	60	90	120	150	180	210	240	270	300	330	360
读　数/格													

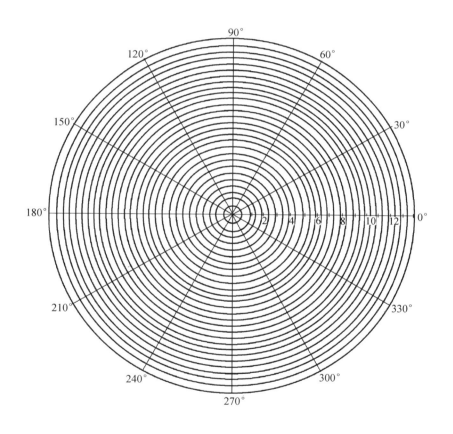

圆度误差 $f_○$/mm	合格性结论	理　由	审　阅

实验 2.3   用指示表测量平面度误差

被测零件	名　称		平面度公差 $t_\square$ /μm
测量仪器	测量基准之器具		指示表分度值/mm

测量数据与测量结果									
测试点	a_1	a_2	a_3	b_1	b_2	b_3	c_1	c_2	c_3
读数/格									

作图计算：

平面度误差 $f_\square$ /mm	合格性结论	理　由	审　阅

实验3 方向、位置和跳动误差测量

实验3.1 箱体方向、位置和跳动误差测量   单位:mm

测量仪器名称	分度值/mm				测量范围		
工件名称	**测量项目和要求**	平行度公差	轴向圆跳动公差	径向全跳动公差		垂直度公差	
		对称度公差	同轴度公差	位置度公差			

测量记录	$//$ $\mid$ 100 : t_1 $\mid$ B	a_1	b_1	a_2	b_2	$\nearrow$ $\mid$ t_2 $\mid$ A		a_{max}	a_{min}
	$\swarrow$ $\mid$ t_3 $\mid$ A	a_{max}		a_{min}		$\perp$ $\mid$ t_4 $\mid$ B		a_{max}	
	$\equiv$ $\mid$ t_5 $\mid$ C	a_1	b_1	c_1	a_2	b_2	c_2		
	$\odot$ $\mid$ ϕt_6 Ⓜ $\mid$ $(D-G)$ Ⓜ	通过	不通过	$\oplus$ $\mid$ ϕt_7 Ⓜ $\mid$ A Ⓜ		通过	不通过		

测量结果	平行度误差		对称度误差	
	轴向圆跳动误差		同轴度误差	
	径向全跳动误差		位置度误差	
	垂直度误差			
	合格性结论			
	理　由			
	审　阅			

实验 3.2 用框式水平仪测量导轨平行度误差 单位:mm

测量仪器	名　称		分度值	
被测工件	名　称		平行度公差	

测点序号		0	1	2	3	4	5	6
导轨 Ⅰ	读数/格							
	累积/格							
导轨 Ⅱ	读数/格							
	累积/格							

作图计算 $f_{/\!/}$:

平行度误差				
合格性结论		理由		审阅

实验 3.3 用摆差测定仪测量跳动误差

单位：mm

<table>
<tr><td rowspan="2">测量仪器</td><td>名　称</td><td>分度值</td><td colspan="7">测量范围</td></tr>
<tr><td></td><td></td><td colspan="7"></td></tr>
<tr><td rowspan="2">被测工件</td><td>名　称</td><td colspan="3">径向圆跳动公差</td><td colspan="3">轴向圆跳动公差</td><td colspan="3">径向全跳动公差</td></tr>
<tr><td></td><td colspan="3"></td><td colspan="3"></td><td colspan="3"></td></tr>
<tr><td rowspan="1">测量示意图</td><td colspan="9"></td></tr>
<tr><td rowspan="5">测量记录</td><td rowspan="2">项　目</td><td colspan="3">Ⅰ</td><td colspan="3">Ⅱ</td><td colspan="3">Ⅲ</td></tr>
<tr><td>a_{max}</td><td>a_{min}</td><td>$f_Ⅰ$</td><td>a_{max}</td><td>a_{min}</td><td>$f_Ⅱ$</td><td>a_{max}</td><td>a_{min}</td><td>$f_Ⅲ$</td></tr>
<tr><td>径向圆跳动/格</td><td></td><td></td><td></td><td></td><td></td><td></td><td></td><td></td><td></td></tr>
<tr><td>轴向圆跳动/格</td><td></td><td></td><td></td><td></td><td></td><td></td><td></td><td></td><td></td></tr>
<tr><td>径向全跳动/格</td><td colspan="3">a_{max}</td><td colspan="3">a_{min}</td><td colspan="3">f_{tf}</td></tr>
<tr><td rowspan="2">测量结果</td><td colspan="3">径向圆跳动误差</td><td colspan="3">轴向圆跳动误差</td><td colspan="3">径向全跳动误差</td></tr>
<tr><td colspan="3"></td><td colspan="3"></td><td colspan="3"></td></tr>
<tr><td>合格性结论</td><td colspan="9"></td></tr>
<tr><td>理　由</td><td colspan="6"></td><td colspan="1">审　阅</td><td colspan="2"></td></tr>
</table>

实验 4 表面粗糙度测量

实验 4.1 用双管显微镜测量表面粗糙度

被测表面	加工方法	lr/mm	ln/mm	Rz/μm

测量仪器	名 称	物镜放大倍数	测量范围/μm	分度值 C/μm

测量 Rz

取样长度 lr_i	lr_1		lr_2		lr_3		lr_4		lr_5	
h_{pi} 和 h_{vi}	h_{p1}	h_{v1}	h_{p2}	h_{v2}	h_{p3}	h_{v3}	h_{p4}	h_{v4}	h_{p5}	h_{v5}
测量数值(格)										

数据处理	$Rz_1 = \lvert h_{p1} - h_{v1} \rvert \times c$	$Rz = \sum_{i=1}^{5} Rz_i / 5$
	$Rz_2 =$	
	$Rz_3 =$	
	$Rz_4 =$	
	$Rz_5 =$	

合格性结论	
理 由	
审 阅	

实验4.2 用干涉显微镜测量表面粗糙度

被测表面	加工方法	lr/mm		ln/mm		$Rz/\mu\text{m}$	
测量仪器	名　称	放大倍数		视场直径$/\text{mm}$	测量范围$/\mu\text{m}$	波长 $\lambda/\mu\text{m}$	

1. 测量两相邻干涉条纹的间距 b

测量读数		h_{p1}		h_{p2}		h_{p3}
		h_{p1}'		h_{p2}'		h_{p3}'
计算结果	$b_i = h_{pi} - h_{pi}'$	b_1		b_2		b_3
	$\bar{b} = \dfrac{1}{3}(b_1 + b_2 + b_3)$					

2. 测量干涉条纹的弯曲量 a

测量读数	1	2	3	4	5	Σ
h_{pi}（波峰）						
h_{vi}（波谷）						
计算结果	$\bar{a} = \dfrac{1}{5}\left[\left(\sum h_{pi}\right) - \left(\sum h_{vi}\right)\right]$					

3. 计算 Rz

$Rz = (h_{p\max} - h_{v\min}) \cdot \dfrac{\lambda}{2\bar{b}}$				
合格性结论		理由		审阅

实验4.3 用电动轮廓仪测量表面粗糙度

被测表面	加工方法	lr/mm	ln/mm	Ra/mm
量测仪器	名　称	传感器类型	驱动箱拖动速度	测量范围 Ra/mm
测量读数 $Ra/\mu\text{m}$				

测量简图	

导块　硅脂　压电晶体　触针　输出

合格性结论	理由	审阅

实验 5 圆柱螺纹测量

实验 5.1 在大型工具显微镜上测量螺纹量规

测量仪器名称			分度值		测量范围			
					纵 向		横 向	
被测工件			螺 距	（mm）	中 径	（mm）	牙型角	（°）
被测工件公差			螺距公差	（mm）	中径公差	（mm）	牙侧角极限偏差	（′）
测量记录与数据处理	螺距	$np_左$		np_a			Δp_Σ	
		$np_右$						
	中径	$d_{2左}$		d_{2a}			Δd_2	
		$d_{2右}$						
	牙侧角	β_1（Ⅱ）		β_1（Ⅳ）			β_1	
		β_2（Ⅰ）		β_2（Ⅲ）			β_2	
		$\Delta\beta_1$						
		$\Delta\beta_2$						
结 论				理 由				
审 阅								

实验 5.2 外螺纹单一中径测量　　　　　　　　单位：mm

	螺纹量规标注	公称中径	中径制造极限偏差	中径磨损极限
被测量规				
	M 值极限值（或 d_2）	M_{max}（或 d_{2max}）	M_{min}（或 d_{2min}）	
计量器具	量线直径	指示千分尺	分度值	测量范围
	$M_{实际}$（或 $d_{2单}$）	合格性结论	理 由	审 阅

实验6 圆柱齿轮测量

实验6.1 齿轮齿距偏差测量

测量仪器名称	分度值/mm	测量范围（模数 m）		

工件名称	m_n/mm	z	α	$\pm f_{pt}$/mm	F_p/mm	$\pm F_{pk}$/mm

齿距序号 i	$\Delta P_{i相}$（读数）	$\Delta f_{pti}=\Delta P_{i绝}=\Delta P_{i相}-\Delta_{平均}$	$\Delta F_{pi}=\sum\limits_{i=1}^{z}\Delta P_{i绝}$	$\Delta F_{pki}(k=4)=\sum\limits_{i-k+1}^{i}\Delta f_{pti}$
1				
2				
3				
4				
5				
6				
7				
8				
9				
10				
11				
12				
13				
14				
15				
16				
17				
18				
19				
20				
21				
22				
结　果	$\Delta_{平均}=\dfrac{1}{z}\sum\limits_{i=1}^{z}\Delta P_{i相}=$	$\Delta f_{pt}=$	$\Delta F_p=$	$\Delta F_{pk}=$
合格性结论		理　由		审阅

实验6.2　齿轮公法线长度变动量和公法线长度偏差测量

测量仪器	名　称	分度值/mm	测量范围/mm

	件　号	模数 m	齿数 z	压力角 α	齿轮精度等级

被测齿轮

公法线长度变动公差 $F_W =$ 　　　　mm

跨齿数 $k = \dfrac{z}{9} + \dfrac{1}{2} =$

公法线公称长度 $W_k(\text{mm}) = m[2.952(k-0.5)+0.014z] + 2mx\sin\alpha =$

公法线长度的上偏差 $E_{bns} =$ 　　　　mm

公法线长度的下偏差 $E_{bni} =$ 　　　　mm

测量记录

序号(均布测量)	1	2	3	4	5	6
公法线长度 W_k/mm						

测量结果

公法线长度变动误差　$\Delta F_W = W_{kmax} - W_{kmin} =$

公法线长度偏差

$\Delta E_{bnmax} = W_{kmax} - W_k =$

$\Delta E_{bnmin} = W_{kmin} - W_k =$

合格性结论	
理　由	
审　阅	

实验6.3 齿轮基节偏差测量

<table>
<tr><td rowspan="2">测量仪器</td><td colspan="2">名　称</td><td colspan="2">分度值/mm</td><td colspan="2">测量范围/mm</td></tr>
<tr><td colspan="2"></td><td colspan="2"></td><td colspan="2"></td></tr>
<tr><td rowspan="2">被测齿轮</td><td>模数 m</td><td>齿数 z</td><td>压力角 α</td><td colspan="2">公称基节 P_b/mm</td><td>基节极限偏差 $\pm f_{pb}$/μm</td></tr>
<tr><td></td><td></td><td></td><td colspan="2"></td><td></td></tr>
<tr><td colspan="2">序　号</td><td>1</td><td>2</td><td>3</td><td>4</td><td>5</td><td>6</td></tr>
<tr><td colspan="2">基节偏差 Δf_{pb}(左)</td><td></td><td></td><td></td><td></td><td></td><td></td></tr>
<tr><td colspan="2">基节偏差 Δf_{pb}(右)</td><td></td><td></td><td></td><td></td><td></td><td></td></tr>
<tr><td colspan="2">合格性结论</td><td colspan="2">理　由</td><td></td><td colspan="2">审　阅</td><td></td></tr>
</table>

实验6.4 齿轮齿厚偏差测量

<table>
<tr><td rowspan="2">测量仪器</td><td colspan="2">名　称</td><td colspan="2">分度值/mm</td><td colspan="2">测量范围/mm</td></tr>
<tr><td colspan="2"></td><td colspan="2"></td><td colspan="2"></td></tr>
<tr><td rowspan="8">被测齿轮</td><td>件　号</td><td>模　数 m</td><td colspan="2">齿数 z</td><td>压力角 a</td><td colspan="2">齿轮精度等级</td></tr>
<tr><td></td><td></td><td colspan="2"></td><td></td><td colspan="2"></td></tr>
<tr><td colspan="2">齿顶圆公称直径/mm</td><td colspan="2">齿顶圆实际直径/mm</td><td colspan="3">齿顶圆实际偏差/mm</td></tr>
<tr><td colspan="2"></td><td colspan="2"></td><td colspan="3"></td></tr>
<tr><td colspan="7">分度圆弦齿高 $= m\left[1+\dfrac{z}{2}\left(1-\cos\dfrac{90°}{z}\right)\right]+\dfrac{\text{齿顶圆实际偏差}}{2}=\qquad$ mm</td></tr>
<tr><td colspan="7">分度圆公称弦齿厚 $= mz\sin\dfrac{90°}{z}=\qquad$ mm</td></tr>
<tr><td colspan="7">齿厚极限偏差：$E_{sns}=\qquad$ mm，$\qquad E_{sni}=\qquad$ mm</td></tr>
<tr><td rowspan="3">测量记录</td><td colspan="2">序号(均布测量)</td><td>1</td><td>2</td><td>3</td><td>4</td><td>5</td><td>6</td></tr>
<tr><td colspan="2">齿厚实际值/mm</td><td></td><td></td><td></td><td></td><td></td><td></td></tr>
<tr><td colspan="2">齿厚实际偏差 ΔE_{sn}/mm</td><td></td><td></td><td></td><td></td><td></td><td></td></tr>
<tr><td colspan="2">合格性结论</td><td colspan="6"></td></tr>
<tr><td colspan="2">理　由</td><td colspan="6"></td></tr>
<tr><td colspan="2">审　阅</td><td colspan="6"></td></tr>
</table>

实验 6.5　齿轮径向跳动测量

测量仪器	名　　称				分度值/mm		测量范围/mm	

被测齿轮	件　号	模数 m	齿数 z	压力角 α	径向跳动公差 F_r/mm			

测量记录	齿　序	读数/格	齿　序	读数/格	齿　序	读数/格
	1		11		21	
	2		12		22	
	3		13		23	
	4		14		24	
	5		15		25	
	6		16		26	
	7		17		27	
	8		18		28	
	9		19		29	
	10		20		30	

径向跳动 ΔF_r/mm		

合格性结论	理　　由	审　阅

实验 6.6　齿轮径向综合偏差测量

mm

测量仪器	名　　称	分度值	测量范围	测量齿轮分度圆直径

被测齿轮	件　　号	模数 m	齿数 z	压力角 α	齿轮精度等级
	径向综合总偏差（允许值）F_i''		一齿径向综合偏差（允许值）f_i''		
测量结果	径向综合总偏差 $\Delta F_i''$		一齿径向综合偏差 $\Delta f_i''$		

合格性结论	理　　由	审　阅